纺织服装高等教育“十三五”部委级规划教材

Creative Garment Design

创意成衣设计

刘若琳 孙琰 惠洁 编著

東華大學出版社 · 上海

前 言

目前高校的服装设计教育基础学科落脚于艺术学，注重培养学生的美学能力。创意性设计常常忽略与市场的对接，设计出的作品通常不适合工业化批量生产。

因而，创意成衣设计课程应运而生。它是平衡学生造型创新能力与市场需求的重要课程。随着我国服装工业的迅速发展，服装企业需要大量成衣设计人才，特别是创意成衣设计人才，因此创意成衣设计是学生从设计概念走向市场的重要环节。

为了适应创意成衣设计课程学习的要求，作者编著了本教材，力争做到反映当前创意成衣发展的方向。通过对创意成衣概述、创意成衣造型要素与形式美法则、创意成衣设计方法、成衣基础款式变化设计与创意成衣专项设计五大模块的展开讲述，力求反映创意成衣设计从灵感到实践的全过程。本书的编写力求做到层次清楚、语言简洁流畅、内容丰富，便于读者在学习过程中能循序渐进地系统学习。希望本书对读者掌握创意成衣设计的知识和应用有一定的帮助。

本书在编写过程中得到上海工程技术大学服装学院有关领导的支持与指导，在此一并表示感谢。由于作者水平有限，书中难免有错误和遗漏之处，希望得到广大同行们的批评和指正。

刘若琳

目录

Chapter 1

第一章 创意成衣设计概述

- 本章叙述了创意成衣设计的起源、概念，以及20世纪经典创意成衣设计发展的概况，探讨了创意成衣的内涵与发展溯源。

第一节 创意成衣设计的起源

创意是指在服装构成或设计上富有创造性的想法，成衣是指服装企业按标准号型批量生产的服装成品。创意旨在于新，通过艺术设计创造有意味的形式，产生独特的意境。成衣旨在服装的标准化与工业生产的可推广性。创意成衣设计的本质是将创意元素转化运用于成衣生产中，使其同时具有创意性和实用性。

创意成衣设计起源于成衣设计。根据服装销售市场与对象不同，服装设计可分为（大众）成衣设计、高级成衣设计和高级时装设计（图1.1.1）。这三类服装的创意设计各有侧重点，从服务人数上看呈依次递减状态，而它们的品质与价位却是依次递增的，形成一个金字塔的结构（图1.1.2），金字塔顶端的高级时装是服装创意设计的最高体现。大部分的成衣设计借鉴于每年高级时装发布的款式、色彩与材料的流行趋势而做相应的市场化改良。

服装设计

高级时装设计

ZUHAIR MURAD

高级成衣设计

ALEXANDER MCQUEEN

（大众）成衣设计

UNIQLO

图1.1.1 服装设计的分类

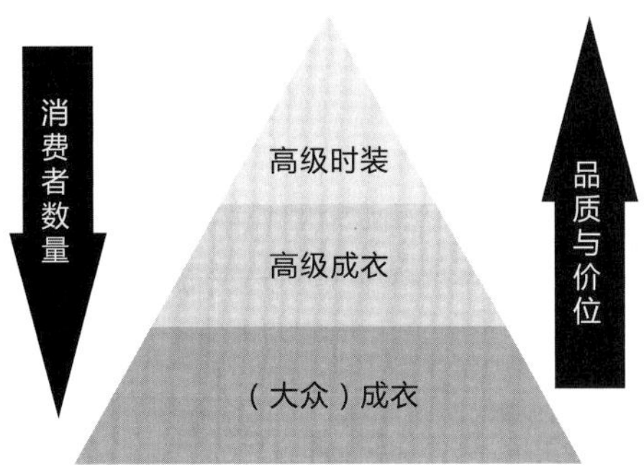

图1.1.2 服装设计目标市场的“金字塔”分布

一、（大众）成衣设计

（大众）成衣设计是指针对大众市场的服装设计，是为适合某一阶层人群的生活着装或为社会团体机构的特定工作而设计的服装。由于它服务的人群较为广泛，所以其设计师人数也最多。（大众）成衣设计需要从性别、年龄、职业、地区等方面细分出不同的消费层次，根据不同消费层的审美和需求，在了解流行趋势的基础上，通过对款式、色彩、面料的综合运用来实现（大众）成衣设计。其中，款式设计作为后续生产准备的重要环节，更注重穿用与审美性的结合，在满足了消费人群的日常生活工作需求的同时也便于进行大规模流水线生产。因此，（大众）成衣设计的创意设计不仅需要考虑到区域范围内的体型特征和统一标准型号，还应该考虑到生产实现设计过程中的工艺合理性与可操作性，以便节约成本，提高成衣生产的效率，更好地为消费人群服务。

二、高级成衣设计

高级成衣设计是指针对经济收入较高端的消费人群进行的成衣设计，其消费群体比（大众）成衣设计的人群规模小很多。高级成衣设计所服务的人群，其品味和对品质的要求较高，因此，高级成衣设计更注重设计的独特性、品质感与潮流的引领性。高级成衣多以品牌的形式存在，产品数量不多，在工艺制作与生产中有较高的技术要求，有些甚至是手工与流水线相结合的生产模式。高级成衣中的创意设计部分，更注重设计师与品牌的风格、流行性的引领、廓形的创新性改良、结构比例的精准，在创新的同时保证工艺的可操作性与可实现性。高级成衣的创意设计既取灵感于高级时装设计，又具备（大众）成衣的实穿性的款式特点，是兼具艺术感与商业性的设计。

三、高级时装设计

高级时装设计位于服装设计领域的金字塔顶尖，它所服务的人群是世界范围内的少数高阶层人群，包括名人、明星等。不同于高级成衣设计与（大众）成衣设计服务于某一个阶层的普遍群体，高级时装设计服务的人群通常是定向的个人。高级时装品牌商或设计师会定期发布系列的高级时装设计，展示给特定的客户，待客户选中后再根据客户的需求，如体型、穿着场合、细节要求等做适当的调整，设计出既能完全符合客户要求，又能体现服装艺术性的高级时装成品。有时，对于个别客户，高级品牌商与设计师还会为客户特别设计制作个性化的高级时装，省略秀场发布的环节。高级时装通常在隆重的场合穿着，它的审美性远超实穿性，有些甚至不方便人体活动，但因它富有创意性的设计往往令穿着者成为焦点。

总之，高级时装所追求的是强烈的个性、高端的品质与精湛的工艺，许多成衣设计都在高级时装中获得艺术与潮流的灵感。高级时装基本是手工定制的，产量少而精。高级时装设计中的款式设计更偏向于艺术性与审美性，在一定程度上为了美而牺牲了部分的实穿性。服装廓形与结构比例是高级时装款式设计的重中之重，其款式工艺的选择既考虑到了手工制作的可实现性，又很好地利用了手工制作比流水线生产能提供更复杂的视觉效果的特点。

第二节 创意成衣设计的相关概念

创意成衣设计的落脚点为成衣设计。成衣是近代服装行业中的专业术语，起源于工业化大生产的加工方式，指服装企业按照一定规格、号型标准批量生产的，满足消费者即买即穿的系列化成品服装。因而，创意成衣必须是能够被批量化生产和复制，其风格需被某些消费群体接受且具有市场价值。

一、创意成衣设计的特点

1）实施计划性。成衣产业运作的系统性很强，受到供货商和经销商等诸多合作伙伴的制约，因此，成衣设计的计划性很重要，设计方案如果缺少计划性或计划不严密就会影响整个品牌的运作。

2）设计的计划性。即设计过程中每个阶段的时间安排与控制。包括市场调研、产品设计、面辅料订货、样品试制等多个环节。设计计划的制定要考虑到操作规程中可能出现的不可预计的因素，留出适当的应急和调整时间，尽量减少可能存在的试制或订货失败所造成的损失。

3）商业的规范性。由于成衣产业运作过程是具有很强的计划性。强调各团队之间的配合，它是企业集体合作的结果。即使是成衣设计方案，往往也需要设计团队通力合作，为了便于沟通与提高效率，设计部门也要统一表达方式。设计方案的实施需要市场部、营销部、生产部等许多部门参与，甚至需要公司外部其他企业的协助，设计方案将在这些部门内周转，这就要求设计方案在语言和图形方面使用规范化的表达方法，因此，成衣设计实际上是一种商业行为，而非纯粹的艺术表达。

4）设计的完整性。成衣品牌强调品牌风格的延续和创新。成衣设计方案的完整性则体现了周密的策划和实施过程。所谓设计方案的完整性，是指整个设计方案要求包括产品计划、产品框架、故事板、产品设计等全部内容，仅产品设计就包括产品编号、款式造型、款式细节、配色方案、面料方案、尺码、工艺要点等诸多内容。只有这些内容衔接无纰漏，才能保证产品开发的顺利进行。

二、创意成衣设计的过程

创意成衣设计是以不特定的人群作为对象，所生产的成衣追求被更多人认可的流行性和穿着的舒适性。所以，创意成衣生产依旧是在分析目标消费者形体尺寸基础上，选择其居中的作为标准尺寸来制作样衣，在此基础上推档（也成为放码），然后形成成衣系列而进行生产。具体过程见表1.2.1。

表1.2.1 创意成衣设计过程

情报收集	收集国内外流行情报、商品销售情报、商品动向分析数据，把握消费动向
⇩	
商品企划	制定有关面料、色彩、价格、销售等的粗略计划
⇩	
确定款式	根据计划确定各品种的基本款式，确定样衣面料
⇩	
制定样衣样板	在原型基础上制作样衣样板，制作样衣工艺单
⇩	
做样衣	根据样衣工艺单，由样衣工缝制样衣
⇩	
销售会议	在样衣展示会上确定产品以及规格、数量、交货期
⇩	
确认工业用样板	制作大生产样板，放缝样板
⇩	
推档	以中间尺寸大生产样板为基准，扩大或缩小成衣规格
⇩	
排版	确定裁剪样板的排列方法、布纹方向
⇩	
辅料	将排好的样板反复核对后，开始铺辅料
⇩	
裁剪	裁剪机裁剪样板
⇩	
缝制	由于缝制系统各异，可在缝前分包组合，按组发放缝纫工分为各部件缝制工种
⇩	
后道整理	缝纫结束后，有手工缲缝、钉扣等工序
⇩	
熨烫整理	采用熨烫、蒸汽熨烫后，再作整理
⇩	
检验	检验缝制质量、规格尺寸、服装部位瑕疵等

第三节 20世纪经典创意成衣设计发展概述

成衣产业是服装现代化的产物。服装领域的现代化萌芽产生于19世纪。缝纫机的发明、化学染料的开发使得成衣化的生产方式成为可能，高级时装业的兴起、流行媒介的扩大使服装流行产业化，它们形成了服装现代化的基础。

在20世纪前，虽然全世界各国家的服装各有历史传统与民族特色，但服装款式的沿袭方式大多是口传心授的师徒制。在中国从汉代到清末，服装的结构一直沿袭着“十字裁剪”的平面构成方式，而且在这一方面没有技术革新，服装设计师尚未被认可为一种带有创意性和设计主动性的职业。

进入20世纪以后随着工业化的发展，服装业进入了日新月异的时期。每个年代都出现了与社会进步、工业变革、文化运动相呼应的带有鲜明时代特色的服装，出现了与以往截然不同的廓形结构，成就了这些年代中的经典。这些样式广为流传并作为符号在现代成衣设计中不断地传承。可以说，20世纪的服装对当今全球的成衣设计产生了深远的影响，给予了当今设计师诸多关于廓形、比例、结构上的灵感。因此，分析20世纪不同时代的服装特征，表现性以及设计创意的概念，对当代创意成衣设计具有重要的指导意义。

一、20世纪10年代

20世纪10年代是现代服装的开端，世界服装经历了一个从传统封闭式观念向现代开放式观念转变的过程。在这十年间，前五年是一个承前启后的阶段，服装款式仍以突出女性人体特征为主，如S形的廓形、胸腰臀的结构分割线，其代表是吉布森女郎（Gibson girl）形象，如图1.3.1所示。与19世纪流行的女装不同，20世纪初女装进行了减法设计，拆掉了服装繁缛的装饰，服装整体形态明朗，服装设计朝简约的方向发展，一改往日裸露的胸口，选用了仿男士衬衫的领口造型，如图1.3.2所示。

图1.3.1 19世纪吉布森女郎

图1.3.2 20世纪初吉布森女郎

图1.3.3 20世纪初男性礼服

20世纪初，男装发展冲破了传统的束缚，演化为由衬衫、领结、背心、西装套装组合而成的当代男装基本款式搭配，成为男士约定俗成的穿着模式（图1.3.3）。白天的工作时间，男装以条纹裤和日礼服为主，正式场合则将外套换为礼服；晚间正式场合都以燕尾服、直挺的衬衫、白色马甲相配。这种男士正装的款式一直延续至今。

在后五年的发展中，“现代服装第一人”的法国设计师保尔•布瓦列特（Paul Poriet）在其作品中首次提出了解放女性身体的概念，打破了紧身胸衣款式一统天下的局面，提倡展现出女性自然的体态。因此，他所设计的服装款式在原本的服装廓形中减少了刻意强调身形曲线，更多的采用直线与自然弧线。布瓦列特的创新为后来的服装设计提供了更具突破性的灵感。战后的女装流行一种较为宽松且裙摆长至靴子以上的款式。紧身腰带与胸衣的分离，使胸衣后来演变成为女式内衣胸罩。

二、20世纪20年代

20世纪20年代是现代服装概念开始传播的时期。由于第一次世界大战的爆发，女性逐渐走向社会，对于服装的要求变得简单与便捷。女性为了争取与男性平等的权利，所以在服装上产生了与男性趋同的设计倾向。在这种思潮下，女装呈现出直筒的外观造型，在服装史上也称为管状式时代（Tubular style）。此时包豪斯艺术学院诞生，创造了20世纪现代生活艺术的新信条，并为工业化生产打下了设计理论基础。

20年代女装样式追求平直的外廓形和直线形造型，被称为男孩子气样式（Boylish Look），受装饰艺术影响，其稚拙、清纯、无邪的形象成为女性的追求。即兴演奏风格的爵士乐和查尔斯舞的流行，使其款式多采用直筒低腰裙，采用具有金属感的柔软面料，配以亮片装饰。其间流行的还有夏奈尔样式（图1.3.4）：造型通常为H形，款式表现为无领对襟外套、及膝裙和内衫组成的三件套，常采用粗花呢面料，配以镶边装饰，配合大量的人造珍珠项链、钟形帽。

三、20世纪30年代

20世纪30年代是战后复苏的年代，服装呈现出多样化的特征。整个30年代的服装款式基本以自然、合体、美观、大方的形式风格呈现。其风格受20年代服装影响，涌

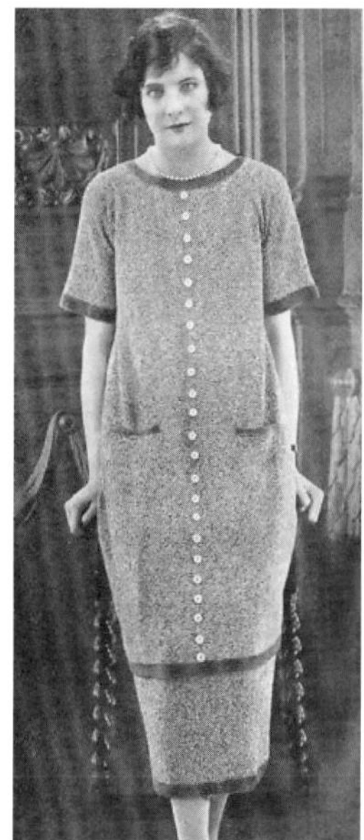

图1.3.4 20世纪20年代夏奈尔（Chanel）样式服装

现出大批运动休闲服，出现了专门针对网球运动设计的网球服装，它的裙子比日常裙装更短。这一阶段，受美国“好莱坞”电影工业发展以及女明星们荧幕服装的影响，成熟妩媚的服装风格也成为部分女性追求的时尚。此外，日装和晚礼服款式因长度不同而区分开来。

这个时期的女装面料多采用柔软、松散的质地，以流动感和垂坠感为主。功能轻便化的服装一度被典雅、美观的女性服装所取代，服装的曲线轮廓代替了直线轮廓。同时与贵族化的唯美标准相悖的毕加索、勃拉克、马蒂斯和达利画笔下的不同前卫风格代表着的新的时代风貌和观念，其风格影响到意大利服装设计师夏帕瑞丽(Elsa Schiaparelli)，“Shocking Pink”被称之为服装中的“野兽派”（图1.3.5）。

图1.3.5 20世纪30年代夏帕瑞丽(Elsa Schiaparelli)服装设计作品

20世纪30年代的另一位代表设计师是玛德琳·薇欧奈(Madeleine Vionnet)，她与可可·香奈儿（Coco Chanel）、夏帕瑞丽（Elsa Schiaparelli）共同风靡于20世纪二三十年代。她的设计强调女性自然身体曲线，反对紧身衣等填充、雕塑女性身体轮廓的方式，有“裁缝师里的建筑师”“斜裁女王”的称号。斜裁法的独到之处是采用45°对角裁剪的方式，最大限度地发掘面料的伸缩性和柔韧性，使它更适合人体运动，并利用其自然垂坠使服装像身体的第二层肌肤般伏贴、轻盈，勾勒出女性曼妙的体态。而在此之前，所有服装都是以经纱方向作为长度单位的裁法缝制。斜裁法的难点是对于边缘的处理，薇欧奈经常运用菱形、三角形的接合制成裙装下摆，还有抽纱法、缝补法、刺绣以及由贴边处垂下的长条缝饰等多种处理手法。它巧妙地运用面料斜纹中的弹拉力，进行斜向的交叉（图1.3.6）。

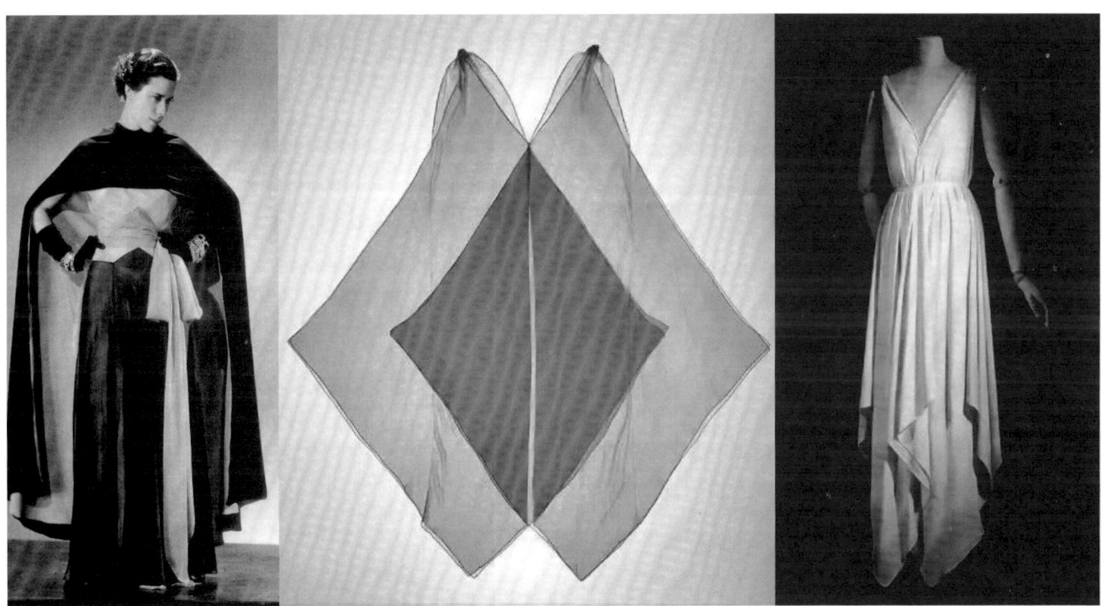

图1.3.6 20世纪30年代玛德琳·薇欧奈的“手帕衣服”(handkerchief Clothes)

四、20世纪40年代

20世纪40年代，在战争影响下功能化和制服化的服装走俏，同时整个世界进入了战后修复与追求新生活文化的阶段。其间，巴黎因巴黎服装设计师设计了突出女性特征的服装款式而重新作为世界服装中心被关注。1947—1957年服装设计业进入迪奥（Christian Dior）时代。迪奥的设计以追回战争中失去女性特征的新风貌（New Look）（图1.3.7）为开端，引领了服装潮流。新风貌指的是“花冠”形服装样式，造型表现为强调胸部、收紧腰部、裙摆张开的花冠造型，款式为强调细腰的外套配以大摆裙，通过一定厚度的面料达到塑型性。新风貌的款式成为迪奥品牌发展至今近一个世纪以来最经典的款式廓形，并被无数的设计师所借鉴。

图1.3.7 20世纪40年代迪奥设计的新风貌风格服装

五、20世纪50年代

20世纪中期以后，西方国家度过了艰难的战后重建时期，逐步进入丰裕社会阶段。个性化服装的需求大大增加，服装行业的竞争越来越激烈。这是服装设计师获得认可的年代。二战前服装设计师被认为是制衣工裁缝，战后由于服装新款式的层出不穷以及服装风格的革新，服装设计师成为引领服装潮流与审美导向的重要职业。同时，由于年轻一代的影响力越来越大，休闲舒适的服装需求增多，造成了休闲服装的流行。在此期间，成名于西班牙的设计师巴伦西亚加（Balenciaga）也以独特的款式设计再次赢得关注。他的设计带有军装线条特征，在强调胸线、腰线的基础上，从后背拉长直身线条，形成具有雕塑感般的硬朗外观的成衣设计（图1.3.8）。

图1.3.8 20世纪50年代巴伦西亚加的服装设计作品

图1.3.9 20世纪50年代“泰迪男孩”风格服装

整个50年代特别是中晚期后，女性服装款式都在往简约美感与功能性的方向发展，进一步表现了独立女性的自我意识，衬衫式连衣裙、七分裤是其较有代表性的款式。同时，英式男装款式仍保持着典雅风格，西装、领带、礼帽、手杖为基本配备，并出现了以十几岁青少年为对象的“泰迪男孩”（Teddy Boys）风格。他们统一了男性制服的款式：具有爱德华时代风格的长外套，高腰双褶长裤，西方的丝质蝴蝶结领结，款式中都表现出了青少年的自我主张（图1.3.9）。同时，意大利男装设计师异军突起。意式设计将男士西装的肩部加宽，通过袖子的裁剪将肩线延长，衣长比传统西装要短，露出臀部的口袋设计。意式的年轻风格引领了之后的国际男装发展潮流。

这期间电影工业与音乐发展对服装业产生了重大的影响。奥黛丽·赫本（Audrey Hepburn）、玛丽莲·梦露（Marilyn Monroe）、埃尔维斯·普雷斯利（Elvis Presley）等明星们在荧屏上的穿着加速了服装潮流的运转，并且将其推向了普罗大众（图1.3.10）。

图1.3.10 20世纪50年代奥黛丽·赫本、玛丽莲·梦露、埃尔维斯·普雷斯利经典服装形象

六、20世纪60年代

20世纪60年代，“成衣”成为现代服装的重要语汇。这个名词的转换可以说代表了当时整个服装产业体制的大变动，即将服装整体带入了工业化阶段。在完全工业化之后，服装不可避免地成为大量制造的“标准化产品”。工业化程度的增加，使服装

的流行更加容易和快速，它引导整个社会进入了一个流行加速变化的阶段。

白50年代末开始的“青年狂飙”运动席卷西方工业国家。“垮掉的一代”“特迪哥”“嬉皮士”等思潮铺天盖地。摇滚乐风行美国，披头士乐队开始征服世界，现代艺术产生了突出视觉效应的欧普艺术。迷你裙、西部装牛仔裤流行。60年代被后世誉为“反文化”的年代，将年轻文化、大众文化、性自由、女权运动作为服装款式的诉求融合到了一起。

60年代，对于宇宙的神往成为了整个社会的设计主调，由太空、宇航主题的极简主义设计风格应运而生它被叫做“未来主义”(Futurism)。安德烈・库雷热(Andre Courreges)、皮尔・卡丹(Pierre Cardin)、帕克・拉邦纳(Paco Rabanne) 被称为服装界“未来主义” 的鼻祖。安德烈・库雷热（图1.3.11）强调服装表面的几何形构成，如分割线、色彩拼接、镶滚边饰、缝纫线迹装饰等，没有明显省道。同时他也是第一个

图1.3.11 20世纪60年代安德烈•库雷热 Andre Courreges太空风格服装设计作品

把迷你裙引入到高级时装设计中，并且在高级女装中肯定了裤子的地位，引导女性接受日常场合中穿着裤装，而后又将这种观念扩展到晚装设计中。

伊・夫・圣洛朗（Yevs Sant Laorent）打开了服装的新天地，带来了具有极简风格的蒙德里安裙与吸烟装。1965年推出蒙德里安裙是在针织的短连衣裙上以黑色线条和原色色块组合，以单纯、热烈的效果赢得了好评，是服装与现代艺术相结合的典范。吸烟装是将传统的男性西装款式引入到女装款式设计，形成女式套装的流行（图1.3.12）。他以年轻人为对象经营高级成衣，后来在塞纳河左岸开设的专营店发展成为世界性网络的“圣罗朗王国”。

图1.3.12　20世纪60年代伊・夫・圣洛朗的蒙德里安裙和吸烟装

20世纪60年代另一个受人瞩目的次文化所引导的服装风格是嬉皮士（Hippies），这种款式崇尚大自然，以柔软、颓废、无序的着装款式进行搭配，这种突破性别差异的中性化款式虽未成为服装界的主流，但却成为这个年代中款式设计的“趣味化、年轻化”的象征。

七、20世纪70年代

20世纪70年代是一个服装发展更多元化、更注重功能与形式统一的年代。期间，存在着两种鲜明的服装趋势：一是女性化的款式风格，强调女性的柔美气质；二是无性别化款式，由男装及制服工作服发展而来。女性追求男女平等的权利之下，比迷你裙更短的款式“热裤”深受年轻女性的欢迎，其款式与紧身短裤和男装西装短裤相似，但更紧更短。热裤搭配短上衣或夹克是当时年轻人中很流行的穿着方式。对于职业女性来说，女性服装的男性化是女装设计的“无性别趋势”的表现。由无性别风格所倡导的长裤款式颇受欢迎，常见的两种款式：一种是宽松的“袋装裤”，裤裆较合体，显得腿部较为修长；另一种是风靡20世纪70年代前半期的喇叭裤，在臀部与大腿处剪裁贴身，从膝盖以下裤脚渐张开，如喇叭状。同时，牛仔裤也因其之前的男性化与实用性被改良设计成女式款型，并延伸出牛仔裙、牛仔夹克等。牛仔装搭配圆领衫成为青少年的日常穿着，其体现的随意性、实用性、功能性的服装风格十分受欢迎。滑雪服装在冬季也得到了普及。20世纪70年代还有一个特色，服装设计师开始在世界各地吸取民族服装的灵感，东方设计师开始崭露头角，如日本设计师三宅一生（Issey Miyake）、山本耀司（Yohji Yamamoto）、高田贤三（Takada Kenzo）等设计的服装款式与工艺无不体现了东方式的审美风格。20世纪70年代末，由于次文化“朋克”出现，皮质紧身外衣、紧身裤、撕裂款式都为后来的小众摇滚风格服装开创了先河。

70年代服装趋于多元化和国际化，个性化和自我表现成为具有绝对优势的流行因素。以往那种以同一面貌出现的流行时代成为过去，取而代之的是多种风格和潮流的

图1.3.13 20世纪70年代朋克风貌、喇叭裤风格服装

并存。70年代是高级时装重组和重振的时代。朋克风貌、喇叭裤流行、服装的中性化趋势达到了前所未有的程度（图1.3.13）。

八、20世纪80年代

20世纪80年代是全球性的高消费时代。公开性和改革等词汇出现在国际语汇中，服装民俗风兴起，美洲、亚洲、北欧、非洲等民族的服饰元素皆被运用到服装中来，新材料、新纹样不断涌现。受女权主义影响，女装出现宽肩式T型样式，用男装面料制作男士女西装的魅力重新受到人们的推崇（图1.3.14）。此时，高级时装与成衣都得到了发展，以自己的名字来命名成衣品牌的设计师成倍增加，消费进入一个讲求品牌

图1.3.14 20世纪80年代女性宽肩T型样式服装

的时代。

20世纪80年代的服装款式从风格迥异回归到保守精致，并受名人与媒体的影响很大。女装款式受英国王妃戴安娜的影响：秋冬款式追求体态的端庄与苗条，肩线宽且高耸，肩型较方，下身为筒裙；春夏款式则更简洁轻巧，流畅的线条更好地表现出女性婀娜的身形。这种刚柔并济的女装款式是一种现代女性的独立表现，并引导着女装男性化的趋势。在此期间也不乏追求另类风格的设计师，并因此走上国际流行的舞台。法国设计师让・高缇耶设计了男士裙款，带动了男性穿着裙装的风潮，他为当红明星麦当娜演唱会设计的尖锥胸衣轰动一时；英国设计师薇薇安・韦斯特伍德则沿袭并取灵感于20世纪70年代末的朋克风格，通过内衣外穿的款式、撕扯的手法将矛盾冲突的叛逆风格带上了高级流行服装的主题中。男装款式进入"雅痞"式的复古流行年代，西装与双排扣老式西装，突出很厚的垫肩，乐于塑造一种内外兼修的形象与品味，成功的同名设计师品牌还有意大利的乔治阿玛尼和美国的拉夫・劳伦。

九、20世纪90年代

20世纪90年代，科技日新月异，社会文明进步，精神物化的倾向日趋明显，生活方式及价值观的转变，便装化、休闲化趋势强烈。高科技在服装设计上处处显现，同时，世纪末的情绪也随之而来，颓废且带有一些反叛精神的时尚倾向延续，以怀疑和否定传统的法则、秩序、形象为特征的风格盛行不衰。时尚进入了一个多元化、个性化、国际化的时代。服装具有鲜明的前卫性和兼容性。

20世纪90年代是一个受"多元文化""国际文化""环保文化"等多重文化影响的年代。在这个服装风格多样化的年代中，欧洲设计师与美国设计师发展成为两大特色阵营，出现了许多至今仍活跃在国际舞台上的知名设计师。在20世纪70年代"嬉皮""朋克"等次文化风格的影响下，年轻的欧洲设计师中有诸多表现冲突、拼凑、讽刺、趣味的作品，服装款式不再流于符合人体的穿着，而是从更多其他的艺术中吸取灵感，将服装设计提升到艺术表现与穿着形式的统一，其中英国设计师的表现尤为突出：约翰・加利亚诺(John Galliano)的设计充满激情与想象力，不规则、多元素组合的夸张款式与装饰手法，体现了他戏剧化的表现力；亚历山大・麦昆(Alexander McQueen)的设计注重英式裁剪、法式与意式的工艺结合，款式中松紧对比强烈，常以狂野的方式表达设计中的情感，浪漫、神秘又富有现代感。同时，在后现代设计风格的影响下，比利时设计师马丁・马吉拉(Maison Martin Margiela)通过解构、拼接等手法设计出一系列与众不同的款式，冲破了服装惯有的廓形与线条，其艺术概念与表达已超越了服装的穿着实用性，对新世纪解构主义服装的发展产生了深远的影响。在美国市场中，由于本土设计师异军突起，并结合精准到位的市场营销，为消费者带来了实用且美观的服装，消费者对于服装的流行就不再单纯地向欧洲看齐了。美国有三位设计师极具代表性：在20世纪80年代也已经成名的拉夫・劳伦(Ralph Lauren)将西部牛仔形象中的牛仔裤、流苏羊皮外套进行精炼设计，结合运动服饰与英国的乡绅风格，创造了美国上层阶层的穿着形象；卡尔文・克莱恩(Calvin Klein)从20世纪70年代起就以男装为灵感设计女装，他曾设计的单排翻领运动夹克与长裤女套装就已经获得市场追捧，直到20世纪90年代，他自由、舒适、年轻、简约式的实穿性款式设计塑造了平民化的风格，通过在年轻群体中的市场营销，获得了很大的成功与认可。唐娜・凯伦 (Donna Karan)设计的款式更多放眼欧洲市场，她的款式设计注重多场合、多搭配、没有夸张的廓形与结构，最大限度地满足了职业女性与休闲的穿着需要。

整个20世纪的服装发展为今后的世界成衣设计塑造了众多的经典形象与经典款式，纵然面料制造技术与板型技术不断改良与进步，许多后辈设计师的创意灵感仍来源于20世纪中每个年代的经典代表作。

十、21世纪开始至今

这个年代随着服装工业化的快速发展与服装人才培养机制的日益成熟，高级成衣设计与成衣设计发展迅速，高级定制仍以其历史性的地位引领着服装艺术的尖端潮流。服装风格在此环境下融合了各国民族的设计智慧，呈现出越来越多样化的发展趋势，服装款式设计因此变得丰富多彩，在继承并改良经典的基础上，延伸出更多符合现代人生活与个性的款式。服装设计师与品牌也致力于发展各自鲜明的风格特色，往往在同一作品中集合了多种经典灵感。同时，消费人群希望通过服装来表达各自的风格与个性。因此创意成衣设计是成为一名服装设计师专业能力体现的一个重要部分。

Chapter 2

第二章 创意成衣设计的造型要素与形式美法则

- 本章将抽象的造型要素与形式美法则美学理论应用于人体与服装设计中，借此实现创意设计感性与成衣应用理性的完美结合。

创意成衣设计遵循服装设计中造型要素与形式美法则的一般规律。在设计应用中既要体现创意设计的感性，同时也要体现出成衣应用的理性，兼具审美与实用功能。造型要素与形式美法则在成衣设计中所占比例的大小与表现形式决定了成衣的创意程度。造型要素与形式美法则的运用与平衡，是最终设计出既富有创意又具有市场潜质的成衣产品的关键。

第一节 创意成衣设计的造型要素

创意成衣设计的造型要素是指在设计过程中必须考虑的造型因素，分为构成要素、平面要素、空间要素和载体要素。

构成要素分为点、线、面。在几何学中，点、线、面是可互为转换的：点的运动轨迹成为线，线的运动轨迹成为面。而平面构成中的点、线、面转换形式则更广。在成衣设计中，代表点、线、面的元素非常丰富，其构成方法也比较广泛。任何一个复杂的平面图形都可以简化为点、线、面。因此，创意成衣中的整体与局部都可以概括或分解为点、线、面的组合。其相互的转换方式与设计思维的创新有着密切的联系。

平面要素与空间要素是服装结构设计的两种重要途径。这些要素的选择与运用，直接关系到成衣设计的最终效果。服装是依附人体而存在的空间形态，而人体是属于三维空间的实体，因此通常意义上服装款式的基本要求是基于人体结构需求而进行立体形态的塑造，即要便于让人穿着。人体结构中支撑并表现服装的主要有肩、胸、腰臀等部位。服装被称之为流动的建筑。服装作为空间主体的结构在创意成衣中的形式是多变的。

载体要素是指服装依托的材质。作为服装的最终体现，材质起到了决定服装三大要素——款式、色彩、图案的设计实现作用。

一、 构成要素——点、线、面

1. 点

点是艺术与设计美学中最小的单位元素，它可以是平面的或立体的。作为相对存在的概念，点在此被理解成身体的某个较小且具体的局部，如头部、肩端点等。因此，点的形态不一定是圆形，也可以是方形、三角形、多边形或其他不规则形状。在艺术和设计领域中，任何形状缩小到一定程度都可被称为点。点的存在依靠人的视觉对物件大小的判断，其大小是相对的。参照物越大，点的特征就越明显；参照物越小，点的特征就被弱化。

在成衣设计中点分为结构点与装饰点。结构点是人体结构的凸点与凹点位置。它通常是圆滑的，是设计结构线与视觉中心相交的人为设计的端点，如肩点、胸高点、腰节点、分割交界点。结构点的位置和大小决定了造型变化手段与款式风格。装饰点是以点的视觉特征形成引人注目的特性，它可以将人的视觉引向线所在的位置。点在画面中的位置也带给人不同的心理感受（图2.1.1）。在创意成衣设计中，常常可以加大成衣中结构点与装饰点的表现形式。

2. 线

线是点的运动轨迹，也可以看作是两个面交叉的边缘。线的形式介于点和面之

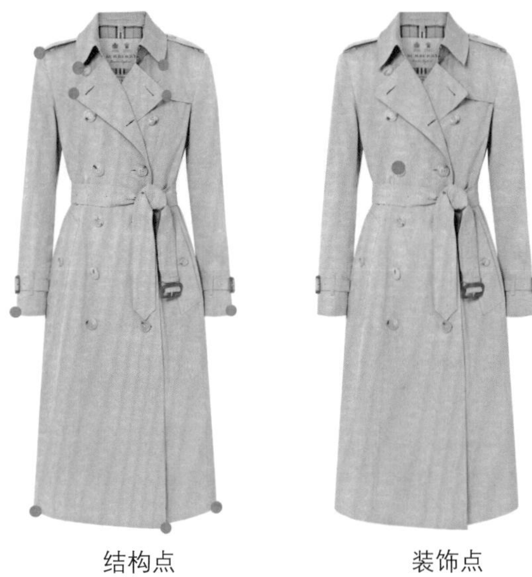

图2.1.1 成衣中的结构点与装饰点

间，有方向、位置、长度、宽度等形式美的属性。在创意成衣设计中线的形态可分为直线和曲线两大基本形式，其中直线包括垂直线、平行线、折线等，曲线包括弧线、漩涡线、圆线、自由曲线等。从功能上讲，创意成衣设计中的线分为轮廓线、结构线与装饰线三种。

1）轮廓线：成衣的外轮廓形状。它受人体结构与设计师的设计意图影响，呈现不同的轮廓类型。通常服装成衣的廓形有这样三种方式分类：一是用英文字母来表示，使人容易辨识（图2.1.2）；二是以几何造型命名，如长方形、椭圆形、梯形、三

图2.1.2 英文字母轮廓线

图2.1.2 英文字母轮廓线（续）

角形、球形等（图2.1.3），这种分类整体感强，造型分明。三是用具象事物来进行描述，如郁金香型、钟形、喇叭形等（图2.1.4）。

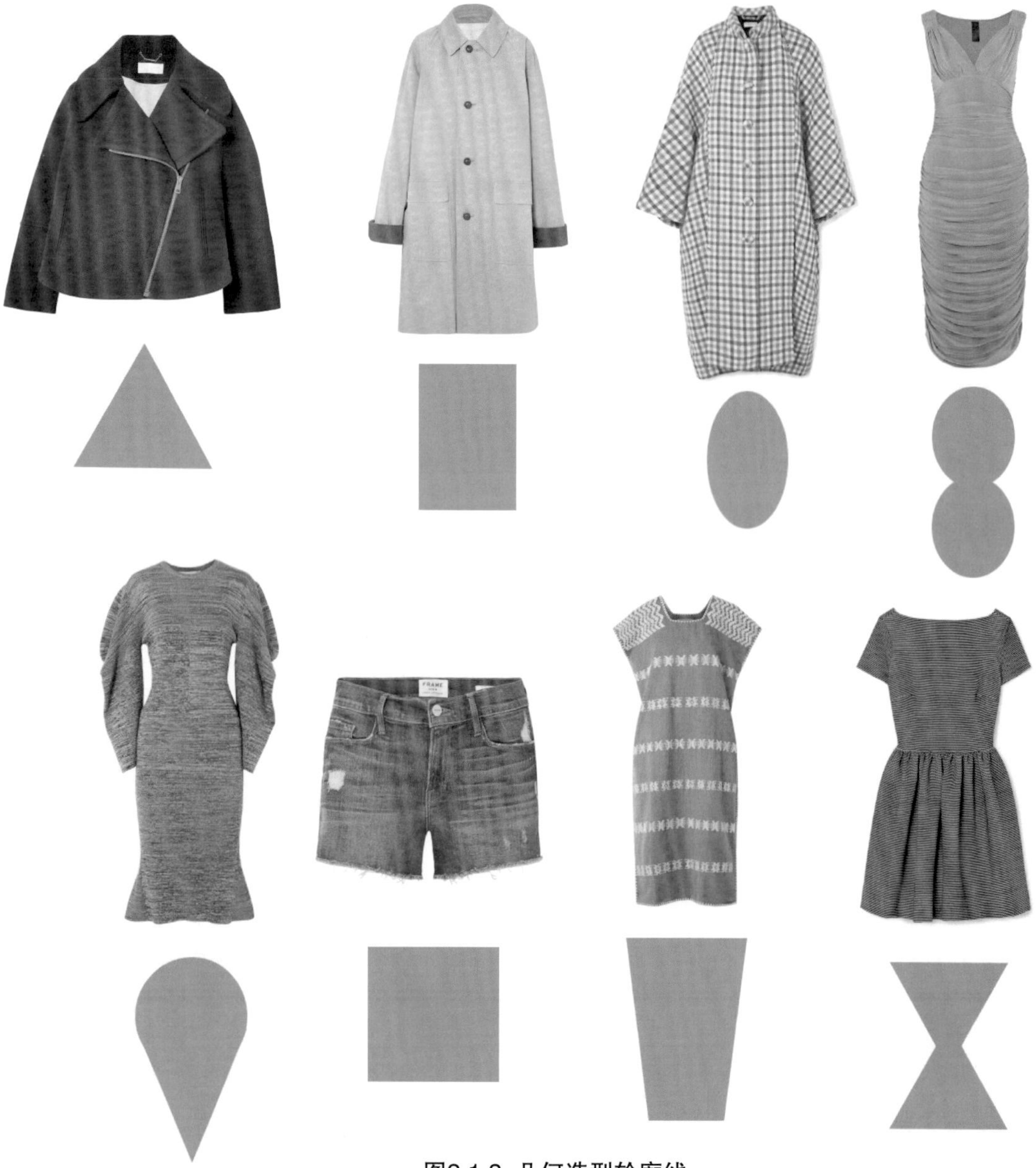

图2.1.3 几何造型轮廓线

塔型
MARC JACOBS
分层式褶皱欧亘纱礼服

郁金香型
DAY BIRGER ET MIKKELSEN
Liana 拉绒皮革围裹效果半身裙

鱼尾型
MOSCHINO
CHEAP AND CHIC
金属色皮革半身裙

喇叭型
MISS SIXTY
低腰水洗微喇年仔裤

蛋糕型
Gigliola
荷叶边真丝
欧亘纱半身裙

ADAM LIPPES
褶裥皮革和欧亘纱
半身裙年仔裤
扇型

图2.1.4 物象型轮廓线

2）结构线。在面料包裹人体的余量处理中，线分割是解决人体体表曲线的重要途径之一。它通常以省道、公主线和刀背缝的形式出现在成衣款式中，如图2.1.5所示。分割线在面料衣片的衔接中以线的形式呈现，通过面料衣片的缝合形成服装的立体造型。因此，分割线在款式设计中起到了重要的三维塑造功能。同时成衣款式的内部结构也可以通过线的分割形式表现出来。

省道　公主线　刀背缝

图2.1.5 省道、公主线、刀背缝

3）装饰线。丰富的线条变化能引起强烈的视觉效果和情绪。直线能体现刚性的特征，其中：水平线能够令人产生横向延伸的平静感，使人的视角横向扩张；垂直线给人上升、严肃的感觉，可以纵向拉伸比例，使人的视角纵向扩展；斜线具有不稳定感，并能体现空间变化的感觉；曲线具有律动感，是最与人体线条相匹配的线型（图2.1.6）。在创意成衣设计中，装饰线常常具有结构与装饰的双重属性。

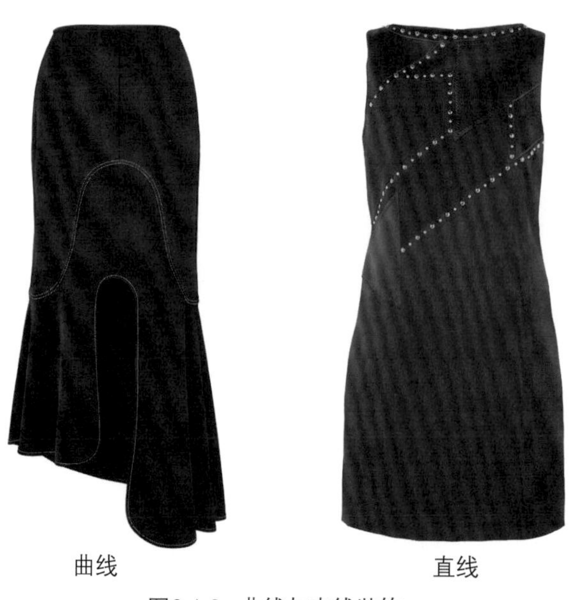

曲线　直线

图2.1.6 曲线与直线装饰

3. 面

面可以由线移动排列形成，也可由点密集排列形成。面具有一定的位置、方向、长度和宽度。人体是由很多曲面组成。在创意成衣设计中，面是服装款式最基本的组成部分，不同的面构成服装的立体感。面与面之间的方向、位置、大小、比例关系是形成服装款式基本特征的重要因素。对称的面越多，款式给人的感觉越稳定与平衡。面的大小对比越强烈，款式的冲突特性越明显。

面的形态可以分为平面和曲面。平面包括水平面、垂直面、斜向面、折面等。服装的面多为垂直的面。曲面包括几何曲面和自由曲面。其中，常规的袖子与裤腿常为几何曲面，褶皱部分多为自由曲面。西装、夹克、职业装中几何曲面运用较多，裙装、礼服中自由曲面运用较多（图2.1.7）。

平面　　曲面

图2.1.7 平面与曲面

二、 平面要素——二维

二维是由长度和宽度构成的平面或面积。在数学和物理学研究中，一维简单，三维复杂，二维让研究者能在相对简单和易于理解的“平面空间”里探索，是为复杂的“三维形态”的研究铺垫基础。此时二维只是一种过渡形式。这种向三维过渡的研究过程，同样适用于服装设计中，尤其是在结构方式较为多变的创意成衣设计中。

1. 传统的二维平面服装

追溯人类文明早期的服装，它们大多是针对面料自身的形态（如大小、边缘形态等）而展开各种变化，使服装与人体结合，以便产生更好的着装效果。这个阶段的服装往往呈现出自然的、非成型形态的视觉造型。它们顺着人体勾勒出流动的线条，形成开放的空间。传统服装中的贯头型、挂布型、前开型都属于二维服装的代表，其特点是服装在未着装状态下呈现二维平面，如长方形、正方形、梯形、圆形等。

1）贯头型（图2.1.8）：贯头型又称为贯头式、套头式、钻头式。这种类型的服装是在长方形或椭圆形的布中央挖个洞，作为领圈。贯头式是服装最原始的形式之一。南美的乓乔和墨西哥的维佩尔都属于此类二维平面式服装。

图2.1.8 贯头型连衣裙

图2.1.9 挂布型连衣裙

图2.1.10 前开型日式上装

2）挂布型（图2.1.9）：挂布型也称为披挂型或缠绕型，即用布片或衣片缠裹在身上，再把多余部分挂在肩或手臂的形式。其特点是裁剪与缝制的简单操作，用长方形或半圆形的布缠裹在身上即可。它为热带与亚热带地区二维平面服装的代表。

3）前开型（图2.1.10）：它指的是服装的闭合系统在前的服装形式，以直线裁剪为主。中国传统服装就属于此种类型，从汉代深衣至清代袍服一直沿用“十字形”平面二维结构。

2. 从二维开始的创意成衣设计

面对服装种类丰富、设计更加多元化的今天，从二维入手的服装造型成为“创意设计”的基础。平面是立体的构成部分，平面造型常常是立体造型的“初始形态”。对平面的深刻理解有利于形成良好的空间概念，它能让设计师在人体上进行空间设计时更加得心应手、游刃有余。人们通常是从平面制图或基础纸样着手进行结构设计的，所以以平面为起点的研究不仅能利用二维的基础使设计师从一开始就有章可循，而且能让平面的无限性带给设计者更多的服装设计思路。总的来说，从二维开始的创意成衣设计有两层含义，它既包括以面料为开端的设计，又包括依据基础和经典款式的服装样板而展开的设计。

1）以面料为开端的设计。依据面料形态（图案、花纹、肌理）自然造型的第一步是构造基础裁片的边缘形态。基础裁片的边缘形态分为规则和不规则两大类。其最基本的形态有圆形、三角形、正方形三种。然后在基础裁片上设定轨迹，进行简单处理，如分割、折叠、穿插、旋转、扭曲等（图2.1.11）。

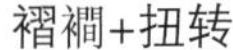

褶裥+扭转

分割+波浪

图2.1.11 以面料开始的二维设计

2）根据服装基础板而展开的二维设计。它是以基础样板或经典款式的板型为基础的设计，包括样板的分割与拼接、不同款式板型的搭配与组合、板型上量的增减等（图2.1.12）。板型具有较强的逻辑性，与经典成衣具有密切的联系，通过板型的有序变化而形成新的成衣款式。

图2.1.12 依基础板型而展开的二维设计

三、 立体要素——三维

任何一个立体都具有一个三维（高度、厚度、宽度）的空间。人体作为一个复杂的立体，更具有复杂的体、面关系。三维空间造型的原始状态可以回归到几何体型。几何体型由平面图形生成的立体空间形态，具有几何抽象、可变、基础、无限的特点。对三维服装包覆人体的状态，通常以几何体进行分形理解，即将人体部位分为球体结构、柱体结构和锥体结构。

1.球体结构

在空间中到定点的距离等于或小于定长的点的几何体叫做球体。球体全由曲面构成，相对小的平面拼接到一起能构造近似球体。人体中的胸部、肩胛骨位置、臀部、膝盖、肘部（图2.1.13）都被作为球体凸出的设计进行三维立体处理，如设置省道、分割线等。

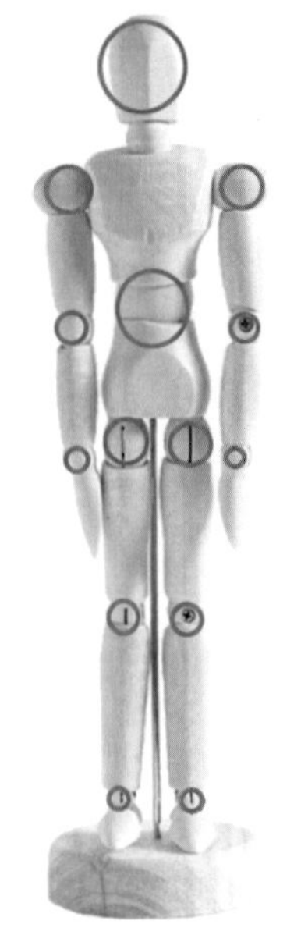

图2.1.13 人体中的球体结构

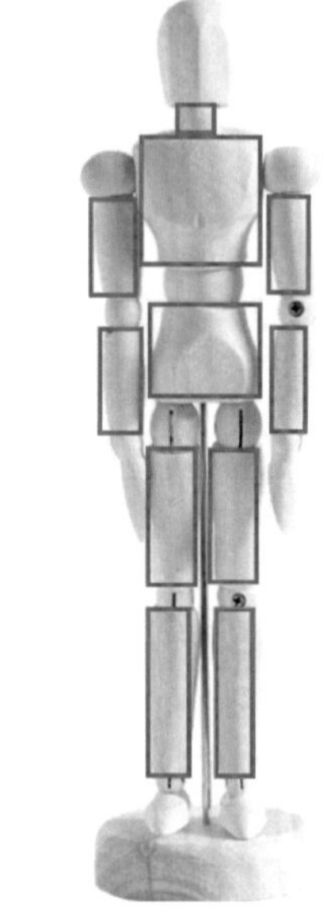

图2.1.14 人体中的柱体结构

2.柱体结构

以面为造型元素，通过弯曲、折叠形成柱状。它的基本形有圆柱和棱柱两种。圆柱是以矩形的一边所在直线为旋转轴，其余三边旋转形成的面所围成的旋转体。棱柱则是由这些面（两个面相互平行，其余各面都是四边形，并且每相邻两个多边形的公共边都互相平行）所围成的多面体。棱柱分为直棱柱和斜棱柱。侧棱垂直于底面的棱柱叫做直棱柱；侧棱不垂直于地面的棱柱叫做斜棱柱。值得注意的是，长方体是直棱柱的一种。人体的颈部、手臂、腰部、腿部都在服装中被简化为柱体结构（图2.1.14），并且根据柱体形态的合体性融入设计变量，形成各类袖型与裤型。

3.锥体结构

锥体结构同样以面为造型元素，但在弯曲折叠过程中形成空间中的角。这是与柱体区分的主要特征。锥体有圆锥和棱锥两种形式。以直角三角形的一个直角边为轴旋转一周得到的立体图形就是圆；有一个面是多面形，其余各面都是有一个公共顶点的三角形，由这些面围成的几何体叫做棱锥。棱锥有三棱锥、四棱锥多种形态，椎体结构可以看成是球体结构的变化由圆形变为扇面形，从造型上是球体结构的强化，根据创意的需要突出人体凸点的位置。

四、 空间要素——多维

服装首先要塑造的是一个立体的空间，而这个空间又是对人体的一种包裹，是服装空间感的最直接依据。体与体之间的关系可以用“空间”描述。由面成体，必然形成“空间”。空间在创意成衣的设计体系中是“流动的存在”，它更适合被理解为一种“关系”或“状态”。人体三维的不同构建存在于不同的廓形与结构中，在空间的发展中历经了塑型空间、人体空间、廓形空间和自由空间四个三维空间的发展历程。

1.塑型空间

塑型空间是指通过穿入鱼骨的紧身胸衣、裙撑与臀垫塑造S形曲线的理想女性形体。蜂腰与夸大的臀部都不是人体的自然形态，而是通过对服装辅料与工艺设计将人体空间塑造成社会风尚中的理想三维空间（图2.1.15）。

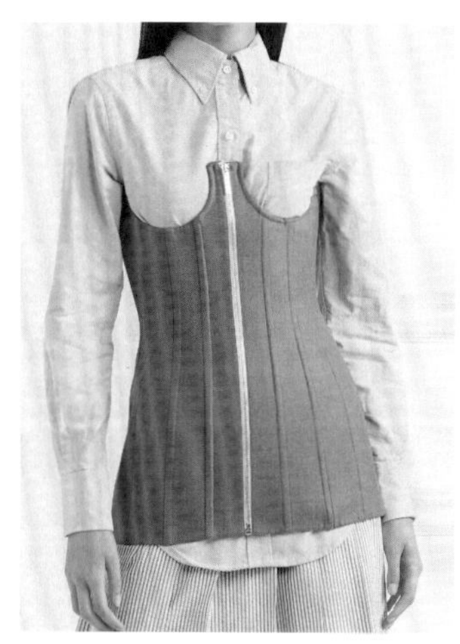

图2.1.15 通过鱼骨形成的塑型空间

2.人体空间

人体空间是指自然刻画人体曲线，呈现出与人体形态一致的服装外部形态（图2.1.16）。省道与其变化体以及针织服装设计都是基于符合人体体表与面料之间余量以及合体功能的需求而设计的三维空间量。

图2.1.16 通过针织的弹性特征形成的人体空间

3.廓形空间

通过美化人体体形，形成有意味的风格与形式，改变服装内部空间的流动性；通过廓形的设计，强化人体体形的优势，弱化劣势；通过廓形所形成的立体空间引导人们的视觉重点（图2.1.17）。

图2.1.17 通过结构塑造廓形空间

4.自由空间

不拘泥于人体的自然形态，通过结合人体的支点尝试将多种三维空间的形态应用于服装廓形与结构的理解之中，诸如实体空间、虚拟空间、矛盾空间、闭合空间、开放空间（图2.1.18）。

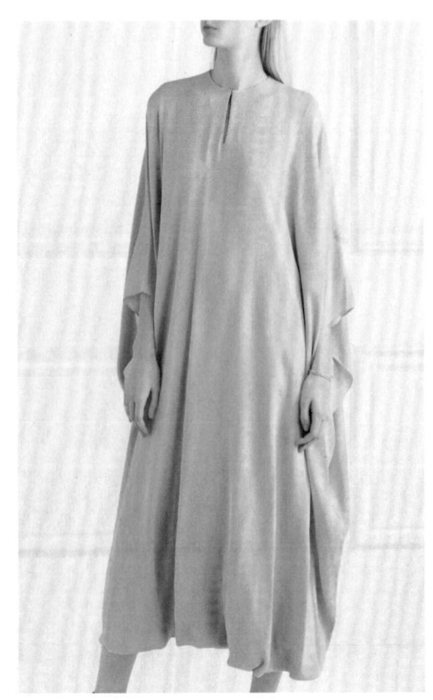

图2.1.18 通过人体肩部支点塑造开放空间

五、载体要素—— 材料

材料是制作服装的载体，分服用材料与非服用材料。“怎么用材料”比“用什么材料”更重要。为了使材质的生命力与服装的造型相融合，设计者必须先要以感知材质为前提，在了解材质特点的情况下寻找设计思路。

从创意成衣设计的一般流程而言，任何的成衣品类都有其特定的面料、辅料以及特定的加工工艺，它们决定了这类服装产品的特征。按品种、用途、制作方法分，服装材质可分为西装类面料、衬衫类面料、裤料，或用于各个服装的专用面料（如单衣类、大衣类、风衣类、夹克类、棉衣类、羽绒服、登山服面料等）。设计师面对的是一个无限庞杂的领域：仅工艺上的某个差别（如水洗面料中的石磨洗、漂洗、普洗、砂洗、酵素洗、雪花洗等），就会产生多种产品的品类。按照这样的逻辑推理，很难将材质与设计之间的关系理清。多数设计师会略去诸如纤维结构、工艺方法等“物理要素”而更看重材质的“情感要素”，以造型为主的服装设计师所常用的以肌肤的感受、特定的视觉效果等为设计切入点。因此，材料造型要素的设计可以分为两类：一是材料自身的风格；二是材料二次设计所形成的新的视觉风格。

（一）材料自身风格

材质的风格是以形态感、光泽感等特征为标准的。形态感是指织物在特定条件下形成的线条和造型效果，如织物的悬垂效果，也可称为织物的形态风格。光泽感是由织物的纤维种类、纤维粗细、结构方式决定的。同时，织物的挺括度、肌理感、图像感等也是由织物的结构、表面处理与形态表达出来的。通过体验材料的风格对服装造型风格的形成尤为重要。在成衣设计中，由于设计流程与工艺方式所限，具有服用属性的面料是成衣服装的主流材料。服装面料虽然种类繁多，但归结起来主要有机织品、针织品和非纺织品三大类。从构成面料的材料上来看，可分为天然纤维面料、化学纤维面料、非纺织材料面料。

1.天然纤维面料的特性与效果

天然纤维主要包括棉、麻、丝、毛等。

1）以棉纤维为原料的机织物，又称为棉布。它大体有五类：平纹、斜纹、缎纹、起绒、起绉类。它是成衣设计中最广泛使用的面料之一。

2）以麻纤维为原料的机织物，主要有两类：苎麻类和亚麻布。虽然它们都具有凉爽、透气等特点，但它们在褶皱、挺括感方面有不同表现。

3）以蚕丝为原料的机织物，品种繁多，用途广泛。如纺、绉、绸、缎、锦、罗、纱、绫、绢、绒等，由于采用纹路组织的不同，这些丝织物在紧密细致、凹凸纹路、平挺光滑等方面有着很大区别，在款式造型时需要仔细体会它们的差异。

4）以羊毛或其他动物毛作为原料的机织物，又称呢绒。它们常被分为三类：精仿呢绒、粗纺呢绒、长毛绒。毛型织物拥有优良的面料品质，虽然呈现的色泽没有化纤织物鲜艳，但正因如此使得毛料颜色更加耐看。在使用毛型织物做设计时可以结合各类毛纤维丰富造型的肌理与层次（图2.1.19）。

棉类 麻类 丝类 毛类

图2.1.19 天然纤维织物的成衣设计

2.化学纤维织物的特性与效果

它指以化学纤维（简称化纤）为原料的织物，有合成纤维（涤纶、锦纶、腈纶、维纶、丙纶等）织物和人造纤维（粘胶、铜铵、聚酯等）织物两大类。用作服装面料的化纤织物品种繁多，主要有变形丝织物、中长化纤织物、仿毛织物、仿丝织物、仿纱型织物、人造毛皮等。化纤织物中还具有一类特别常见的肌理，那就是化纤织物最适合于做“褶”造型。其原理在于化纤织物适合以热压或热塑方式被制作成“褶皱”面料，而且其形态稳固，造型的持久程度远高于其他类型的面料。

著名的日本服装设计师三宅一生（Issey Miyake）独创的“一生褶”（Pleats Please）（图2.1.20）就是将面料性能与服装造型以艺术化方式完美结合的典范，其实质就是充分利用了化纤织物做“褶”处理，表现出了“褶”的多种风格。

图2.1.20 三宅一生的“一生褶”

3.非纺织材料的特性与效果

皮革、毛皮、人造革属于非纺织类皮革材料。一般将鞣制后的动物毛皮称为裘皮，而把经过加工处理的光面或绒面皮板称为皮革。裘皮是理想的防寒服材料，具保暖、轻便、耐用且华丽高贵的品质。用作服装材料的毛皮以有密生的绒毛、厚度厚、重量轻、含气性好为上乘。服装用毛皮的种类有：貂皮、水獭、狐狸、羔皮、绵羊毛皮、貂毛皮、狗毛皮等。皮革是各种真皮层厚度比较厚的动物原皮，经单宁酸鞣皮或重铬酸钾的铬鞣、明矾鞣、油鞣等方法加工而成的，作为服装材料使用已有着悠久的历史。衣用皮革种类主要有：牛皮、羊皮、猪皮、鹿皮、马皮革、蛇皮革、鳄鱼皮革等（图2.1.21）。由于它们在造型风格上的明显差别，所以在创意成衣中有着不同应用。

鹿皮

牛皮

羊皮

图2.1.21 各类皮革材料成衣设计

4.专用塑型材料的特性与效果

在创意成衣设计中，塑型材料起着改变人体自然体形的重要作用。大部分的塑型材料应用于内衣或内衬中，作为新廓形的基底，如塑型内衣与裙撑等。

图2.1.22 鱼骨束腰

（1）骨撑

骨撑种类繁多，主要有鱼骨、尼龙骨、胶骨等。骨撑既可以收缩塑型，如内衣胶骨、束缚骨撑等能够更好地显示女性身材；也可以扩张造型，改变传统人体外廓线，形成夸张的创意廓形。目前最常用的尼龙骨撑色泽鲜亮、手感光滑，机械度强，刚度、硬度、韧性都很高，具有良好的拉伸性、弯曲度强、抗磨性能与尺寸稳定性也很好，最适于表现自然圆顺的曲线造型。图2.1.22为插入鱼骨的塑型腰封，对腰部曲线可以起到塑型的作用。

（2）裙撑

裙撑是一种能使外面裙子蓬松鼓起的衬裙，大多用硬挺的衣料材质，在制作时可进行加褶或上浆处理等，把外面的纱裙撑起，显出膨胀的轮廓。裙撑主要分有骨和无骨两类。有骨裙撑适用于造型较夸张的裙摆，如后拖地的宫廷式裙摆、大尾摆的裙摆等。无骨裙撑一般都是采用内硬质纱或棉布堆积制作，质量相对轻巧、透气，如（图2.1.23）所示。棉布的裙撑是以棉布本身的体积堆积出自然的曲线，外形华美、曲线自然。无骨裙撑与有骨裙撑相比形态较软，裙摆的饱满程度略弱。

（3）金属、金属丝

金属具有一定的延展性，塑型灵活度大、可变性多，同时金属的光泽具有科技、工业、太空等未来感。金属丝也是常用塑型材料，最常用的铁丝和铜丝密度小、价格便宜、规格品种繁多。铜丝的延伸性比铁丝好，易于塑造各种状态。铁丝的保型性更

图2.1.23 硬纱裙撑

图2.1.24 金属丝裙撑

佳。尺寸稳定性最好的是钢丝，但需要在前期锻造时建模塑型。金属丝除了能支撑构成特定造型，还能为服装增加悬垂感，如在上装或裙子底摆加入金属丝，能产生一般材质难以达到的良好视觉效果。（图2.1.24）就是在裙摆处加入钢丝，以起到塑型的效果。

（4）衬布、衬垫

按原材料分为棉衬、麻衬、毛衬、化学衬、纸衬、胸垫、肩垫等。服装上使用垫料的部位较多，如胸、领、肩等部位，在增强立体感、挺括感度方面均有较大的造型空间，如（图2.1.25）所示。

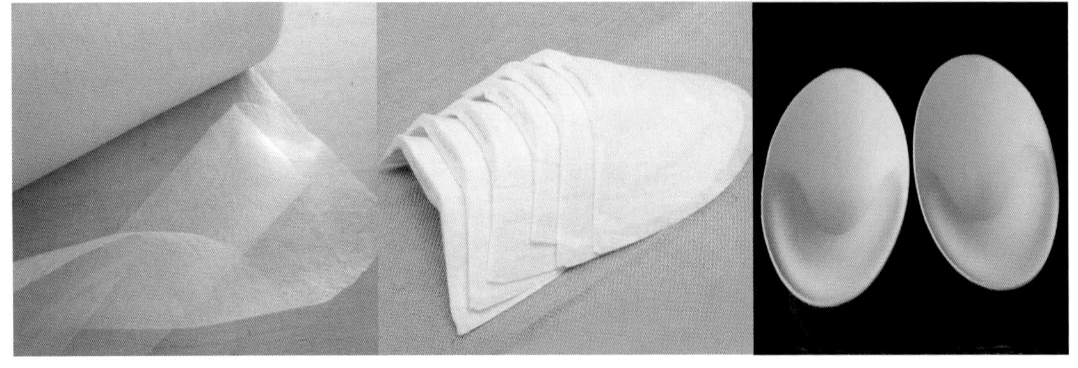

无纺衬　　垫肩　　胸垫

图2.1.25 各类成衣填充材料

5.塑料

塑料是以高分子量的合成树脂为主要成分，加入适当添加剂，经加工成型的塑型（柔韧性）材料，或固化胶连接形成的刚性材料。塑料品种丰富，常见的有亚克力、尼龙、橡皮胶等，可以根据不同的需求选择适宜的塑料材料。虽然大部分塑料尺寸稳定性差，容易老化和变形，但它通透、轻盈且易于整体塑造曲直多变的空间形态，所以对该性质材料的使用与研究具有挖掘不尽的潜力。图2.1 .26就是采用塑料材质制成的女式风衣。

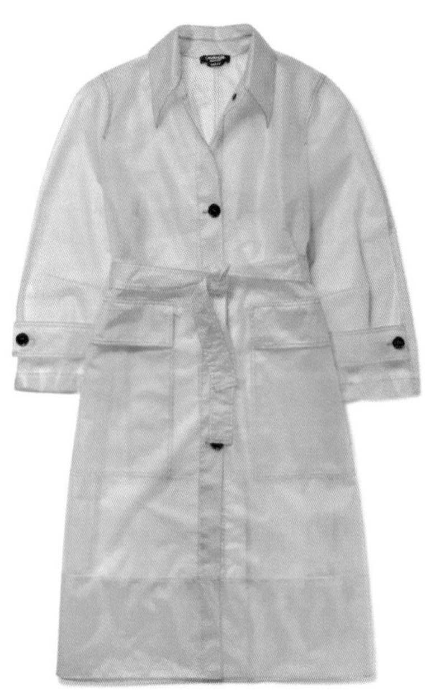

图2.1.26 塑料材质女式风衣

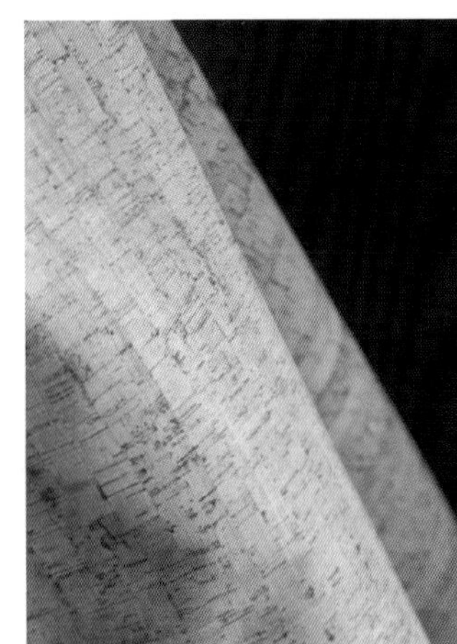

图2.1.27 木头材质服装面料

6.木材

木材是能够次级生长的织物所形成的木质化组织。木材具有天然的色泽和美丽的花纹，不同树种、不同产材区成就了木材颜色纹理的多样性。木材吸湿性好，蒸煮后可以进行切片，在热压作用下易弯曲成型，用胶、钉能牢固地接合，易锯、易切、易打孔以及易于加工成型。木材因管状细胞易于吸湿受潮，着色效果良好，对颜料附着能力强，有非常大的可塑型。如图2.1 .27所示的木头材质服装材料，利用木条编织的方法表达原始、空间等概念。

（二）材料二次设计所形成新的视觉风格

服装材料是设计师的内心情感和创意思想的载体，创意成衣设计与材料运用密不可分。造型需要相适应的材料，材料为造型而生，许多服装造型的创意，都是从材料的应用研究开始的。面料的色彩、质地、肌理、状态、风格等都与服装创意的主题和内涵息息相关。通过面料的进一步加工和改造，面料就可以被注入服装设计师个人的情感和思想内涵，增强面料的美感、个性和表现力，扩大服装创意表现的空间，同时也会使面料具有一定的“排他性”，就会避免与其他服装设计师作品“撞衫”。从造型手段上分为平面设计法与立体设计法。

1.平面设计法

在服装面料上进行加工处理，使面料产生各种色彩、花纹或图案的装饰效果，但并不影响服装表面的平整度，服装完成后呈现的是视觉上的审美效果。常见的材质平面设计手法有印花、手绘、扎染与蜡染等。

（1）印花

在面料上印花，可以使用多种印花技术，如筛网印花、滚筒印花、手工印花、数码印花（图2.1.28），通过各种印花工艺，可以实现图案、色彩和质地的变化。印花的色彩比较丰富，并且印花可以实现各种图案风格，是平面设计方法中应用最广泛的设计手法。要想取得理想的印花效果，需要选择合理的技术，这种技术必须适合面料且使制成的服装有良好的手感。

（2）手绘

手绘是采用纺织染料直接在服装上绘制图案的面料设计方法，手绘具有较大的灵活性、随意性以及强烈的艺术效果，是设计师个人风格的直接体现。手绘还具有不可复制的特点，适合单件或批量较小的制作方式，其成本也比机械化的印染更高一些。

图2.1.28 筛网印花T恤

图2.1.29 手绘连衣裙

（3）染

扎染：扎染是通过把布料捆扎缝合而达到防染的目的的面料染色方法，这种捆扎缝合是经过预先设计的，等染色过程结束之后，拆掉缝线、打开面料，即可出现图案纹样，甚至形成晕染效果，其效果也具有不可复制性。扎染技术已成为服装平面设计效果中的常用类型。

蜡染：蜡染是通过石蜡或蜂蜡等作为防染剂在面料中设定的区域进行覆盖，冷却后浸入染料中染色，染色结束后去掉防染剂的方法。其原理和扎染相似，都是通过特定的手法达到面料部分区域的防染目的的面料染色方法，这种捆扎缝合时经过预先设计的，等染色过程结束之后，拆掉缝线打开面料，即可出现图案纹样，甚至形成晕染效果，其效果也具有不可复制性。

图2.1.30 扎染连衣裙

2.立体设计法

立体设计法是指对面料进行立体设计，相当于构成中的触觉肌理，不但具有视觉上的变化，还同服装造型相结合，占据着一定的空间，形成三维形态浮雕的风格。立体设计法需要根据不同设计要求采取相应的手法，可以用于服装的整体或局部，是成衣设计中的常用手法。常见的立体设计手法有以下几种：

（1）刺绣

刺绣是一种在织物上用各种线织出各种不同图案的工艺。由于缝线具有一定的厚度，因此它是一种以缝迹构成各种花纹的装饰物。刺绣也是比较典型的立体造型设计手法之一（图2.1.31）。

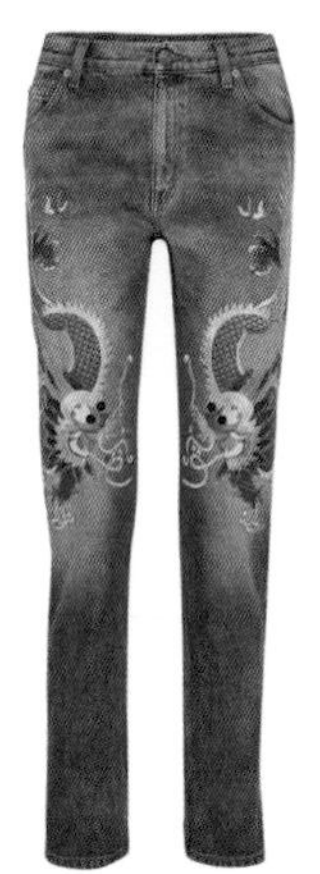
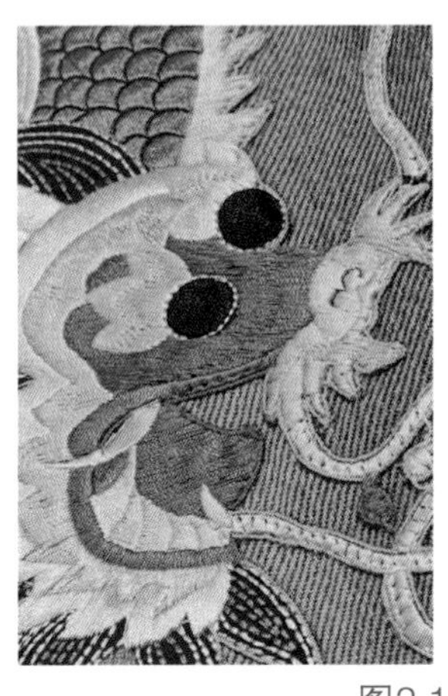

图2.1.31 刺绣在成衣中的应用

（2）绗缝

绗缝是通过把叠加的面料或填充材料缝在一起，由于线的张力使面料形成了装饰性的凹凸效果。绗缝产品过去主要用于被子、床垫等床上用品，现在已经延伸到服装、箱包、手袋、鞋帽等各类产品中。绗缝以其丰富的变化加强了产品的实用性和美感（图2.1.32）。

图2.1.32 绗缝在棉服中的应用

（3）拼贴

拼贴是把面料裁切成各种形状后再重新缝合，利用面料之间的缝合边效果做成新的装饰效果。拼接后的面料可以形成新的图形。拼贴方法趣味性强，除形状之外，也可以综合色彩，实现色块之间的搭配效果，其视觉效果较为强烈（图2.1.33）。

图2.1.33 不同材质的拼接

（4）镂空

镂空类似剪纸的手法，是在面料上根据已有的图案花纹进行修剪，删除不需要的部分。镂空部位的边缘一般会根据材质进行锁边处理，或是对不易起毛边的材料不加处理，有的还会在镂空的底层添加其他面料，以形成对比效果（图2.1.34）。

图2.1.34 镂空连衣裙

（5）烂花

烂花是将混纺或织物中的一种纤维经过化学溶剂腐蚀或炭化而形成半透明的花纹效果。经烂花后的织物透明，风格独特。烂花最初用于真丝丝绸及其交织物，如烂花绸、乔绒、烂花丝绒（图2.1.35）等，后来也用于烂花涤、棉织物及其他织物。

图2.1.35 烂花丝绒连衣裙

（6）褶皱

褶皱是在服装材质上通过机器定型而形成规则或不规则的褶裥，从而生成立体感的肌理效果，或通过专门的高温定型手段把服装材质按照某种规则性纹理压制成型。褶皱是服装中立体层次较强的设计手法，特别是在创意成衣女装设计中褶皱的形态千变万化，极具感染力（图2.1.36）。

折裥风衣

折裥半身裙

图2.1.36 规律褶裥在成衣中的应用

（7）抽缩

抽缩通过橡皮筋或线缝纫后再抽缩，形成立体的褶皱效果。根据不同的抽缩方法，可以形成各种形态的立体纹样，使面料的肌理感大增。通过在服装上不同的部位抽缩，可以改变成衣的基础形态（图2.1.37）。

衣身横向抽缩

衣身纵向抽缩

图2.1.37 抽缩在女装中的应用

（8）钩编

钩编是用不同的纤维制成粗细不同的线、绳、带、花边等，通过各种编织手法编成所需要的花型，形成疏密、宽窄、凹凸等组合，从而直接获得一种肌理对比效果（图2.1.38）。

丝带钩编组合

编织组织变化组合

图2.1.38 钩编女装

（9）压纹

压纹是对织物进行规则或不规则的压褶处理，定型后的面料形成立体的凹凸纹理。它是一种个性化的处理方式，使材质的设计更具艺术化效果（图2.1.39）。

图2.1.39 压纹在卫衣中的应用

（10）坠挂

坠挂是在面料边缘或面料内部吊挂各种穗、绳、珠片等装饰材料，可以是在局部，也可以是铺满的坠挂，使底料与吊挂装饰材料形成一定的对比。例如成衣边缘撕开的或长或短的毛边效果、均匀规则的流苏披挂效果等（图2.1.40）。

坠挂波浪的风衣　　坠挂流苏的卫衣式连身裙

图2.1.40 坠挂在女装中的应用

（11）镶饰

镶饰是一种能够体现多维特征和装饰性的表面处理效果，常用的比如珠子、亮片、贝壳、玻璃、羽毛等都可以用来增添色彩和图案，更能够体现服装的肌理感。特别是在礼服化成衣中，大大增强了服装的华丽感（图2.1.41）。

亮片镶饰　　珠管镶饰

图2.1.41 镶饰连衣裙

（12）其他处理

随着行业的发展、纺织技术的进步，面料的立体造型手段也在不断地丰富。一些破坏性的处理也被应用到创意成衣设计中，比如破坏材质的表面，使其带有刮痕、破洞、撕裂、磨损等痕迹（图2.1.42）。通过特殊的工艺手法，使服装外观不论是颜色、肌理还是图案，能表现出丰富的视觉效果。这丰富了创意成衣的表现形式。

针织撕裂

牛仔撕裂

图2.1.42 撕裂、破洞在成衣中的应用

第二节 创意成衣设计的形式美法则

创意成衣设计构成的法则遵循服装设计的一般规律，在服装的款式设计中遵循统一、变化、均衡、夸张、调和、对比、节奏、韵律等规则。每种形式美法则都有其特殊的表现方式与艺术特征，在创意成衣的设计中可以遴选多种规则进行叠加。

一、 统一与变化

1.统一

统一是将性质或形态相近的设计要素组合在一起所形成的一致而协调的感觉。统一法则既存在于单个款式中，也存在于系列款式组合中。创意成衣设计中统一法则的表达形式有以下多种。

1）分割线的统一。创意成衣的各个部分运用相同或相似分割线进行面的分割。如图2.2.1中（1）所示款式正面与背面有两处分割线，一处为前后肩线不规则分割设计，前后形成自由弧线，前后形成造型上的呼应。第二处为侧缝的三开身处理，解决了人体胸腰之间的差异。其中，肩部的前后分割属于分割线的统一设计。如图2.2.1中（2）所示系列内的三款服装都采用近似比例的块面分割，横向分割线的设定使这三款服装达到比例的统一。

（1）

（2）

图2.2.1 分割线的统一

2）图案和肌理的统一。服装款式的各个部分运用相同或相似的图案元素。如图2.2.2中（1）所示衬衫款式中运用了不同图形与肌理的方型结构，通过排放位置的不同，在统一的形式中产生律动感。如图2.2.2中（2）是运用相同或相似的图案元素进行统一。如图2.2.2中（3）则将菱形格、罗纹竖条、蕾丝肌理分别运用在服装前片，形成错落有致的部位拼接，通过色彩的统一来形成统一。

3）装饰细节的统一。服装款式的各个部分或系列款式组中的多个款式运用相同、相似或分割一致的装饰细节。

2.变化

变化是指将有差异的元素放在一起形成的对比。变化具有相对性，需要通过对比

（1）

（2）

（3）

图2.2.2 图案和肌理的统一

才能表现出来。狭义的变化是建立在相同或相似元素的基础上进行的变化，广义的变化是不一样的设计元素存在于款式或系列中，都可称作为变化。创意成衣设计中款式或系列款式之间的变化按其构成元素大致分为以下几类:

1）廓形的变化。廓形的变化存在于创意成衣系列款式设计中，系列款式组合中不同但有相似的廓形变化使系列款式设计充满节奏感。如图2.2.3中（1）所示款式在基本对称的长款上衣上进行下摆弧度的设计变化，产生不对称的视觉效果。如图2.2.3中（2）在腰节线之上，采用了左片不对称设计，腰节线之下采用了右片不对称设计，对角的不对称形成了视觉上的呼应与比例上的和谐。

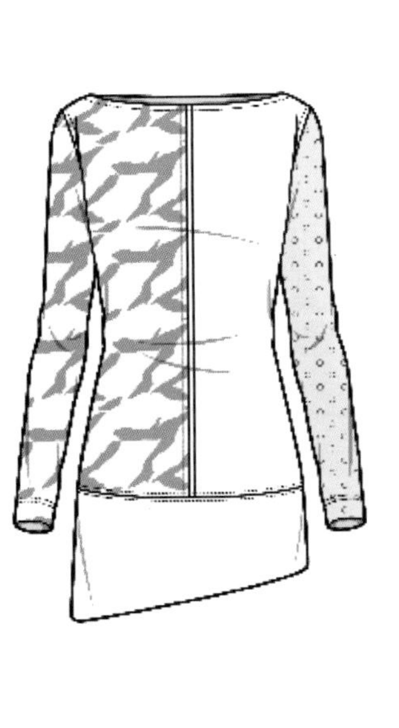
（1）

（2）

图2.2.3 廓形的变化

图2.2.4 结构的变化

2）结构的变化。结构的变化在于单个款式在常规结构的基础上进行改变所带来审美上的变化。如图2.2.4中（1）所示款式在传统针织套衫的基础上增加不对称的前活片设计，产生结构上的变化；图2.2.4中（2）通过图案的错位设计产生衣身左右结构的变化。

3）图案与肌理的变化。图案与肌理的变化是创意成衣设计在视觉上最容易注意到的变化，因为它经常与服装色彩联系在一起，有时也通过装饰工艺表达出来。单独款式上的图案可以通过相同或相似元素在不同部位上的不同构成方式来体现变化。如图2.2.5所示款式通过不同针织结构所产生的图案进行组合，产生图形节奏感，一改针织上装的单调风格。

4）装饰细节的变化。装饰细节的变化表现在元素不变、构成形式改变，装饰元素

图2.2.5 图案与肌理的变化

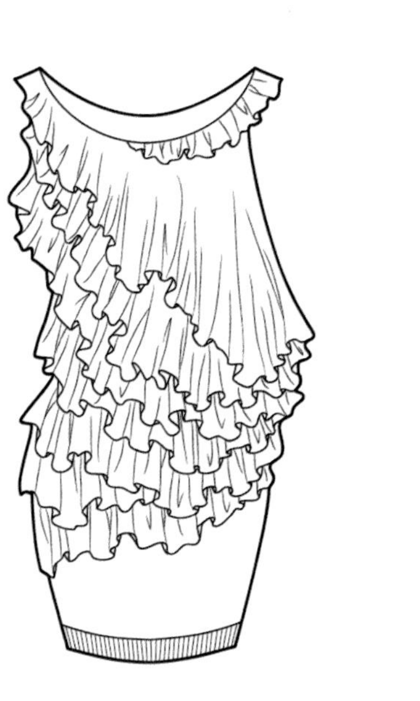

整体装饰细节变化

局部装饰细节变化

图2.2.6 装饰细节变化

在创意成衣的位置呈现出变化的特征。如图2.2.6所示款式中细荷叶边的不对称运用产生疏密变化的效果，特别是领口上的一层荷叶边，起到了平衡整体的作用。

二、均衡与夸张

1.均衡

均衡也称为平衡，是指在设计元素所在的平面上呈均匀分布的状态，以达到视觉上的基本平衡。均衡的元素可以是相同的，也可以是不同的，它遵循的是杠杆力学原理，以视觉平衡的感受为衡量标准。在创意成衣设计中，均衡是通过款式中被视为点、线、面的元素的形状、大小、位置、方向的组合来达到的。均衡法则中最简单的构成原理就是三角形的稳定原理，即在分布的元素群中三个视觉上等量的中心即可构成一个稳定的面。均衡法则在保持稳定特点的基础上，更具灵活、生动的表现力。均衡在创意成衣中的形式有以下几种：

1）同种元素的均衡构图。大小、形状都相同的元素通过位置的平均或均匀分布形成均衡，给人的感觉稳定且平均。如图2.2.7中（1）为相同大小的同种形制的圆形图案平均分布，是创意成衣中通常使用的构图方法。如图2.2.7中（2）相同元素由于受到色彩变化的影响，即使排列相同却呈现出律动的变化。

（1） （2）

图2.2.7 同种元素均衡构图

2）不同元素的均衡构图。完全不同的元素通过形状、大小与位置达到视觉上的面积与重量的平衡。如图2.2.8中（1）斜肩不对称设计通过底摆的打结设计得到了平衡补偿。如图2.2.8中（2）右片通过图案设计增加了服装的层次感，而左侧分割线的设置与右片形成量的对等，同时增强了服装的变化。如图2.2.8（3）材质组织采用了相同的颜色，通过织物的组织形式产生变化设计，右侧组织的变色设计与左边的变色设计形成了重量上的补偿。如图2.2.8中（4）是通过面料变化的穿插设计，打破西装的对称感，同时在量的处理上也保持了均衡的视觉感受。

（1） （2）

图2.2.8 不同元素均衡构图

（3）　　（4）

图2.2.8 不同元素均衡构图（续）

2.夸张

夸张的手法是具有相对性的，即扩大或缩小事物的某种属性或特征，使其超越原本的事实或常规的认知。夸张手法的参照物就是事物本身的事实特征或约定成俗的认知。夸张是一种艺术化的手法，具有很强烈的表现力，创意成衣中的夸张手法包括以下几类。

1）比例的夸张。成衣整体比例或各部件之间的比例夸张，即一个部件相对于另一个部件的长度或宽度超出了常规的范围，成为服装款式中鲜明的特点，并与尺寸较小的元素形成对比。

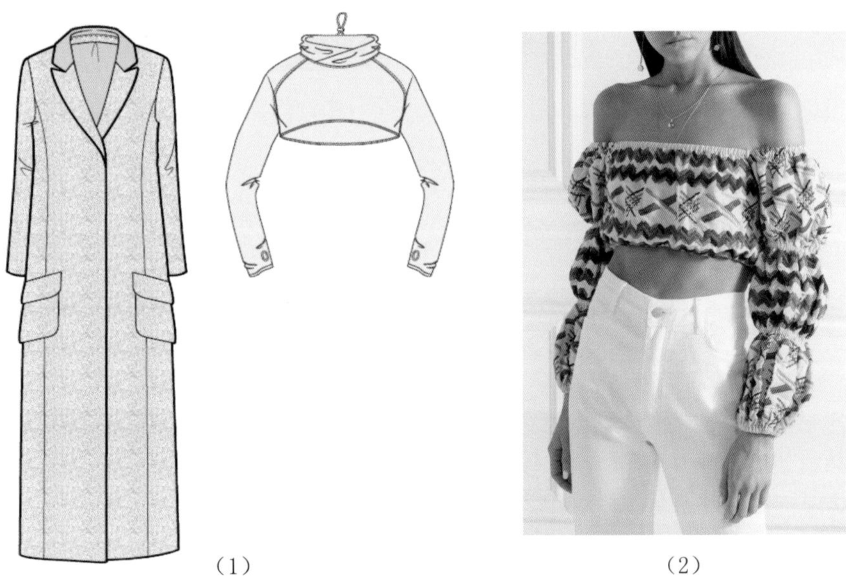

（1）　　（2）

图2.2.9 比例的夸张

如图2.2.9(1)将西装款式衣长加长至脚踝部位，变成连衣裙，将卫衣款式的衣长减短至胸围线之上，变成罩衫，形成夸张的效果。如图2.2.9(2)比例的夸张可以改变人体原有的比例关系，优化人体体型。

2）形状的夸张。强化设计元素的形状特征，使特征更加瞩目。如图2.2.10所示实例为天才设计师ALEXANDER MCQUEEN 所设计的高级订制时装，它将羊腿袖上半部的形状放大，使袖口、袖身形成鲜明的对比。

3）数量的夸张。增加设计元素的数量，超出常用的范围。如图2.2.11所示，ALEXANDER MCQUEEN 将成簇的花卉作为点的元素密集地排列，形成服装的面和体，产生夸张与惊艳的视觉效果。

图2.2.10 袖部形状的夸张

图2.2.11 装饰花卉数量的夸张

三、调和与对比

1.调和

调和是对所有有差异的事物或元素进行调整融合，使之产生一种秩序感，并且在视觉上使人感到愉快、和谐、舒畅。调和的过程是使设计要素之间保持一种质、量统一的过程。

服装设计中的调和一般包括色彩调和、面料材质的调和、款式形态的调和。色彩的调和指使用单色或色彩组合，使整体颜色弱化其他元素造成的冲突，达到视觉上的平衡，从而产生舒适的视觉效果。面料材质的调和指运用近似质感或颜色的面料进行搭配组合，弱化其他元素的对比，旨在产生视觉与触觉的差异感与认同感。款式形态的调和基于款式内其他元素的矛盾性。在创意成衣设计中的调和还注重图案调和、装饰手法调和与分割线调和的运用。

1）图案调和。通过相同图案或相似图案在款式中不同部位的呼应，来调和不同部位因结构不同而造成的视觉差异或冲突。图案调和是最常用的调和手法。如图2.2.12中（1）所示的粗针织毛衣通过前片的编织与流苏进行动感的装饰，编织图案中垂直与平行的线性构成鲜明的形式冲突，运用沙漏型的构图柔化调和冲突。如图2.2.12中（2）通过数字与领口、肩缝的镶边打破了图案平铺的单调，通过对比色的插入对整体的波点图案进行调和设计。

（1）　（2）

图2.2.12 图案调和

2）装饰手法调和。采用某种装饰手法来调和服装款式内部不同质感的面料或不同结构与分割的局部产生的视觉效果。如图2.2.13 所示的款式中有三种面料进行拼接，产生质感对比，通过在不同面料与部位上添加相同形状的口袋带盖进行面料对比的调和。

3）分割线调和。利用结构线与分割线调整其他元素所产生的视觉效果。如图2.2.14中（1）所示的款式通过领圈以下的八字形的分割线打破面料纹理所产生的V字形的倒梯形，腹部的倒八字分割线用了相同的原理。分割线调和了由面料纹理产生的宽肩效果，形成更适合女性的款式。如图2.2.14中（2）所示通过斜向分割线的错位调和拼接，起到纵向拉伸的视觉效果。

2.对比

对比是一种在创造对立冲突时产生的美，它来源于矛盾性。生活中的对比无处不在，在艺术与设计中，色彩、明暗、形状、质感都是用来对比的要素，当它们的属性呈相反的趋势就产生了对比。服装设计中的对比包括色彩的对比、面料材质的对比、廓形的对比、结构的对比、图案的对比、体量的对比、装饰细节的对比等。色彩对比是最强烈的视觉对比，通过明度、纯度、色相的对比达到视觉的冲击力。面料材质的对比是通过面料薄厚、面料肌理、面料手感的对比来体现服装的质感表现。创意成衣设计中的对比包括廓形的对比、体量的对比、图案的对比、装饰细节的对比。

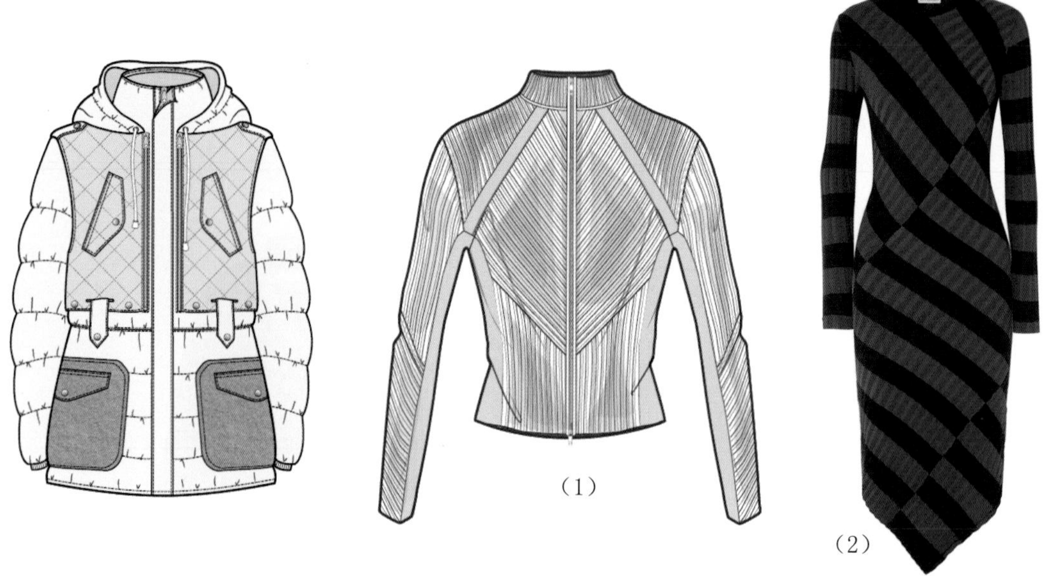

图2.2.13 装饰手法调和

图2.2.14 分割线调和

1）廓形的对比。在单独款式中，X、Y、A型在宽度与长度上产生视觉对比；在系列款式组合中，不同的款式通过宽松与修身的廓形产生系列的对比。如图2.2.15中（1）所示的抹胸裙，上身与下摆形成鲜明的廓形对比，上身紧身收腰呈S型，体现女性身体曲线，下身为膨胀的A形廓形，两者的收放组合产生强烈的对比效果。如图2.2.15中（2）所示的系列中不同款式采用了超大宽松式与合体收腰式的廓形进行系列内的对比。

图2.2.15 廓形的对比

2）体量的对比。通过分割线、结构线等将服装款式的面进行分割，划分面积的对比及面积所构成的体量的大小形成的对比，是服装整体视觉效果的关键性对比，它关系到服装与人体之间的比例关系。如图2.2.16中（1）所示上衣通过前片不等量的分割，产生左右面积与体量的对比，同时通过左边领口的褶来平衡左右关系；2.2.16中(2)连衣裙上身部分的面与体量较小，下身裙摆的余量较大，因此产生体量的对比。

图2.2.16 体量的对比

3）图案的对比。图案通过点、线、面的形式构成形状、大小、疏密关系的对比。图案的对比通常和色彩对比结合起来，通过图案的平面构成形成强化色彩的对比效果。如图2.2.17所示款式通过不同花卉图案的变形、大小的分布与排列位置的变化形成对比关系，打破了图案平铺式的单调风格。

图2.2.17 图案的对比

四、 节奏与韵律

节奏是有规律的重复、连续，节奏容易单调，但经过有律动的变化就产生了韵律。在创意成衣设计中韵律常常伴随节奏同时出现，通过有规则的重复变化，增加作品的感染力。

1.节奏

节奏指某一形或色在空间中有规律地反复出现，引导人的视线有序地运动而产生的动感。节奏包括反复、交替、渐变等，最单纯的节奏是反复。在创意成衣设计中，节奏关系主要表现在造型要素点、线、面、体的形与色按一定的间隔、方向，张弛有度地排列，使视觉在连续反复的运动过程中感受一种宛如音乐般美妙的节奏。如点的大小、强弱、聚散、分布面积变化，线的粗细、曲折缓急变化，面的疏密、大小、布局变化，以及色彩元素的规律性变化等。如图2.2.18所示，通过风衣底摆的纵向切割形成的渐变的流苏，打破了传统风衣的单调，产生节奏感。

图2.2.18 节奏在风衣中的应用

2.韵律

韵律是有变化的节奏，采用点、线、面及色彩通过节奏原理产生渐变变化，将这些条件进行强与弱的反复变化便能产生韵律的美感。在创意成衣设计中运用的韵律概念，主要是指服装的各种线形、图案纹样、色彩、立体层次等有规律、有组织的节奏变化。如纽扣排列、波型折边、烫褶、刺绣花边等造型技巧的重复，都会表现出重复韵律，重复的单元元素越多，韵律感越强。如图2.2.19所示，上装外套是通过图案的三角形变化排列形成视觉交错韵律，连衣裙则是通过裙摆荷叶边的叠加形成重复韵律。

交错韵律　　重复韵律

图2.2.19 节奏与韵律在成衣中的应用

Chapter 3

第三章 创意成衣设计的方法

- 本章根据当代成衣的类别将创意成衣的设计方法分为四种：再现经典成衣作品的创意设计法、虚拟故事的主题式创意设计方法、整合跨界的创意设计法和成衣基础功能的拓展创意设计法。

创意成衣设计是技术与艺术的统一，它既是创意艺术的载体，同时具有大众普及可推广的商品特性。在设计思维的表达过程中，可根据设计目的与目标群体的不同，运用多种设计思维与设计方法进行设计。本章根据当代成衣的类别将创意成衣的设计方法分为四种：再现经典成衣作品的创意设计法、虚拟故事的主题式创意设计方法、整合跨界的创意设计法和成衣基础功能的拓展创意设计法。作为设计表达方法的探索，以上四种方法不仅能将设计者的创意快速准确地表达出来，更重要的是可以拓展设计者的思路，具有更加开放的自由性，是以服装构成要素进行创意设计的有效补充。

第一节 再现经典成衣的创意设计方法

经典成衣是某一特定时期社会文化的表征，反映了当时最具时代感的新形象，具有很强的“代表性”。这些代表性样式已作为一种符号在现代流行中不断地被演绎。

对经典款式进行现代演绎时，会受当时流行的影响而对其进行适当的设计变化。这个变化是基于经典样式的特征性元素，其结果是使某一样式在保留精髓的前提下不断地推陈出新。例如，产生于20世纪20年代的夏奈尔样式经历了近百年的时尚变迁，现仍然活跃在流行舞台上，但每次重新映入我们眼帘的夏奈尔样式不是一成不变的，而是加入了流行时尚元素的夏奈尔样式（图3.1.1）。

1961

图3.1.1 20世纪20年代经典夏奈尔Chanel样式

如图3.1.2所示的不同年代的夏奈尔样式的变化：1991年的设计是改变了传统领型，打破了传统的无领结构，加入了翻领设计，通过黑色镶边的设计与廓形架构起与20世纪经典款式的关系；2006年的设计融入了更为女性化的花边与蝴蝶结设计，剪短了袖子的长度，整体风格更加女性化与甜美；2010年的设计在廓形上更加平直，塑造了复古的H型廓形，将传统贴袋改为具有几何样式的矩形挖袋设计；2018年的设计在廓形上延续了传统款式，拉长了上衣的比例，并在上材质进行了当代的替换，由于连衣裙的设计采用了层叠式的纱织的材料，使外套的感觉充满女性气质。

图3.1.2 不同年代的夏奈尔样式的变化

纵观那些能给观众留下深刻印象的服装设计佳作，不难发现，它们都有一个共同点，即拥有与众不同的特点。以大师作品为基点，在对自己喜爱的大师作品进行收集、分析和感知的同时，进行推款设计，以达到审美共鸣的艺术效果。整体看来，经典成衣的改良设计可以分为以下几种方法：

一、同形异构法

同形异构概念源自是平面设计，指外观图形相同而内部结构不同的构成方法。在服装设计中它是指利用同一种服装的廓形进行多种内部构成设计。这种方法有人俗称为服装结构中的“篮球、足球和排球”式处理（三种球的外形虽都是圆的，但有不同的内部线条分割）。运用同型异构法需充分把握服装款式的结构特征，其内部构成设计力求合理有序，使之与廓形构成一种协调关系。

在创意成衣设计中同形异构法指的就是借鉴经典成衣作品的廓形，采用不同的分割方法。如图3.1.3（1）中所示横向分割与纵向分割达到同样的收身效果；如图3.1.3（2）所示是采用了同种廓形、不同色彩位置拼接的方法，由于廓形一致，即使分割方式、材质有变化，但视觉整体仍具有经典成衣的意像。

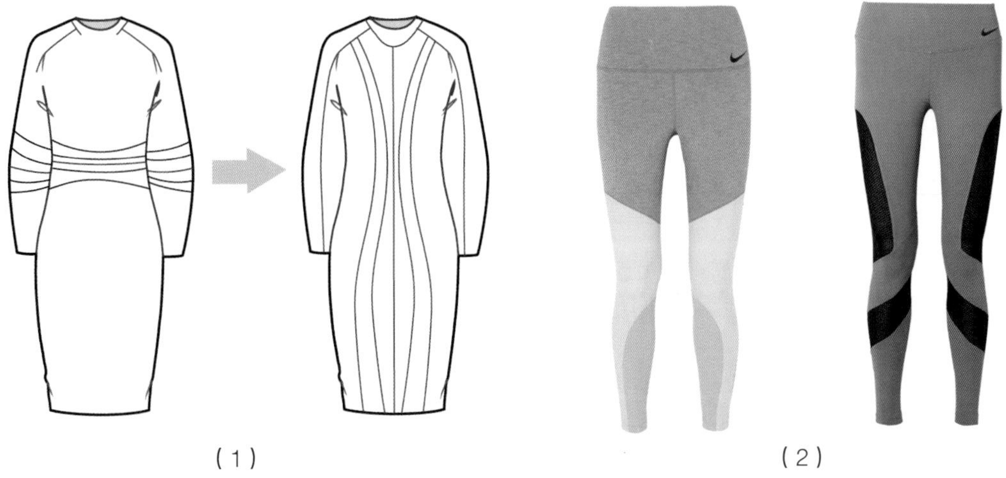

图3.1.3 同形异构法

二、局部改造法

指在基本不改变经典成衣的服装整体效果的前提下，对局部进行变化设计。局部改造法多以服装的部件与细节为变化设计的对象，如领部、肩部、腰部及门襟、口袋等部位以完成推款设计。如图3.1.4（1）所示，通过贴袋的增加、分割线的变形与衣服的长短进行转化设计。如图3.1.4（2）所示，则是通过颜色的拼接与工艺的改造。局部改造法非常适合成衣的系列设计。

图3.1.4 局部改造法

三、量和位置的变化设计法

以大师作品为设计点进行创意设计时，设计者可以通过经典成衣中细节元素的量与位置的变化进行推款及系列设计。如图3.1.5所示，通过袖子的长短的改变，使服装的外观廓形与功能性产生变化，同时由于主体部位的一致性，使新旧款式具有相互呼应的视觉效果。如图3.1.6所示则是运用同种色彩，构建上装与下装的系列感，即便是上下装的材质与廓形完全不同，相同配色的插入立刻就建立起其上下装的关联性，形成鲜明的相似系列感设计。

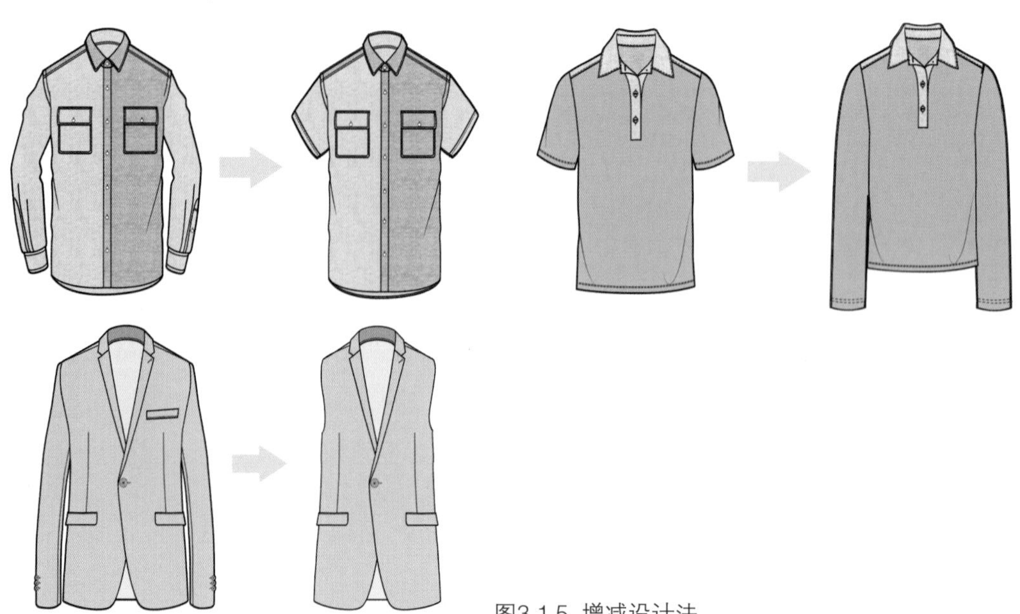

图3.1.5 增减设计法

图3.1.6 配色设计法

四、形态变化设计法

形态指事物在一定条件下的表现形式。在创意成衣设计中，形态变化设计法指同一种细节元素在不同服装款式中的不同表现形式（图3.1.7）。将相同的印花元素放在了完全不同类别的款式中，由于款式风格不同，印花与廓形所呈现出的效果也有所差异。在合体上装中的应用，曲线图案与收身廓形营造出具有女性特征的柔美风格。而在宽松衬衫中，相同的印花元素则因服装风格的不同，产生了风格的变化，整体感觉休闲意味更浓。

图3.1.7 廓形变化

形态变化设计也常常应用于成套的创意成衣设计中，构建上装与下装的系列感。如图3.1.8中所示，在处理的过程中，规则图形的变化设计，尤其是条纹、数字与格纹应注意由于排料对格应用位置的不同所产生的差异。在面料的选择中，起绒类、丝绒类的面料与人形、动物、数字等图案要考虑到正、顺问题。在不规则的变化设计中，应考虑到应用的形式，是对称、渐变还是发散等布局形式，但在整体上，应呈现出一致性。

图3.1.8 套装形态变化

五、提取元素法

指以某设计师的创意作品为原型，提取自己所细化的元素，经过一定的凝练、变化，应用于新的设计作品中的方法。如图3.1.9所示，将基础款式进行三种拆解，形成相互关联又各有独立的三种新的款式，第一款为减法设计，去掉了立领与贴袋，第二款为加法设计，叠加了帽子与风挡。第三款为减法设计，去掉了袖子，形成马甲款式。

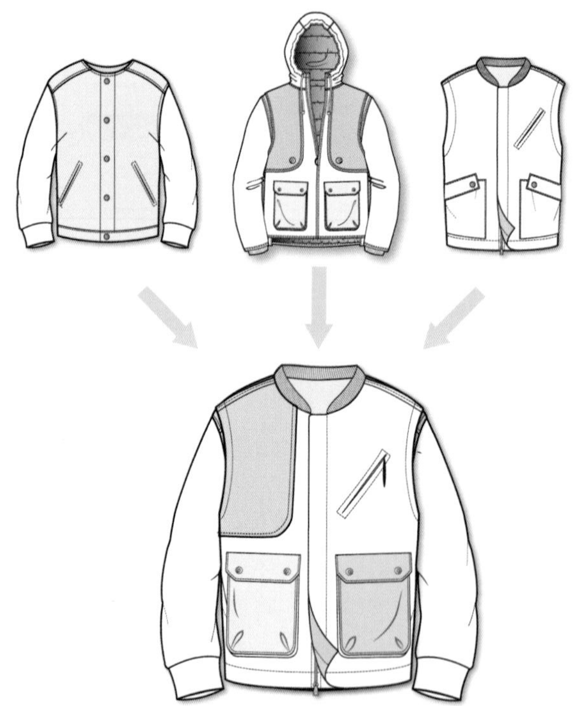

图3.1.9 提取元素法

如图3.1.10所示，是通过同种色系的相关颜色提取，形成款式上的变化，廓形基本在原有的基础上进行长短的改变。颜色以橙色为主要基调，以黑色、白色、灰色中性色为调节色进行搭配与转换。

如图3.1.11所示，采用了同种结构元素，以开襟的闭合方式为元素提取，形成对襟、斜襟与错位斜襟的款式变化，颜色与材质上采用了以白色为基底的羊毛材质，在明暗上采取相应的变化。

如图3.1.12所示，采用了同种的工艺元素，以绗缝工艺作为元素的切入点，对图案、色彩、廓形、结构等方面进行了多方面的探索。

图3.1.10 同种色系提取

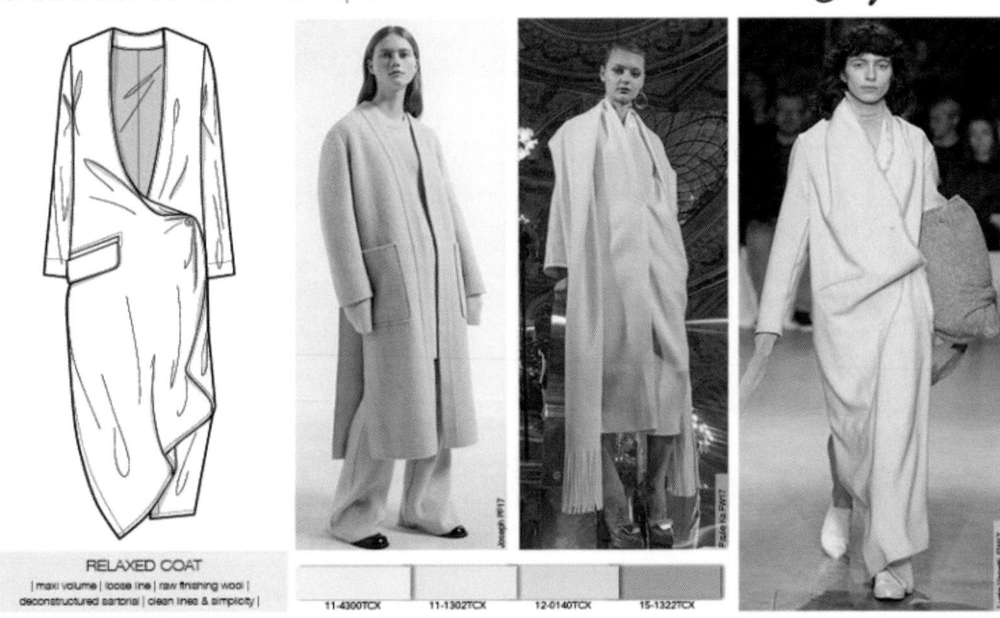

图3.1.11 同种结构提取

图3.1.12 同种工艺提取

成衣发展过程中的每个阶段都有着丰富的服饰素材，它们给设计师带来了很多创意的素材。随着持续不断的时尚创意性要求，大部分设计师们正在努力从纵向时间的不同阶段探寻灵感，以激发创意的火花，在借鉴历史阶段中的成衣样式符号及特征元素的过程中进行继承与创意设计。

第二节 虚拟故事的主题式创意设计法

当今越来越多的服装品牌都讲究品牌的理念和每一季服饰的系列故事。尤其是创意服装，更是在主题上有着很特殊的设定和戏剧化的联想空间。故事的情结可以引导出创作的灵感起源和特殊的思想深度。故事在构思方式上也有不同的类型，有些是关于品牌文化的起源，有些是有关创作主题的戏剧化故事，也有些是纯意境的渲染。

一、角色设计法

如图3.2.1所示的GUCCI 2018春夏发布作品，其灵感源自于艾尔顿·约翰(Sir Elton John)爵士70年代炫目的舞台造型服饰，包括有缀饰亮片的连身裤，超大号的星形墨镜及厚底靴。其服装以角色特征为主要设计灵感，人物的角色特征赋予服装以具体的款式、色彩，设计师会根据剧本角色的定位设计服装，与传统的创意服装不同，以虚拟故事为主题的人物服装设计，不仅仅要考虑到人物本身的标志性特点，同时还要考虑到灯光、舞台、人物等多方面要素，更注重故事与场景的完整性，服装作品之间呈现出人物之间的关系，而非款式之间的系列感。

图3.2.1 GUCCI 2018春夏发布

二、情景设计法

ZUCZUG品牌是以日常文化为主题，根据生活的场景设计服装。如其推出的“没事儿”系列就是以“理发店”为主题设计服装系列、生肖系列如图3.2.2所示，包括T恤、长裙、布包等日常穿着服装。品牌创始人王一扬将“设计来自对生活的想象力”作为基本理念。他拓展的5条产品线并不是按照传统的年龄阶段来划分，而从生活需求来考虑。比如，“零”系列的诞生就源于都市生活中运动需求的上升，强调自然简洁，而环保材质的“手语”系列是因为他意识到，“环保”和“互联网”是未来的重要方向。而且，ZUCZUG开始用普通人作为平面广告的模特，其成衣类服装不再以理想人体作为服务对象，转而以设计为人人都能穿的成衣为目标。

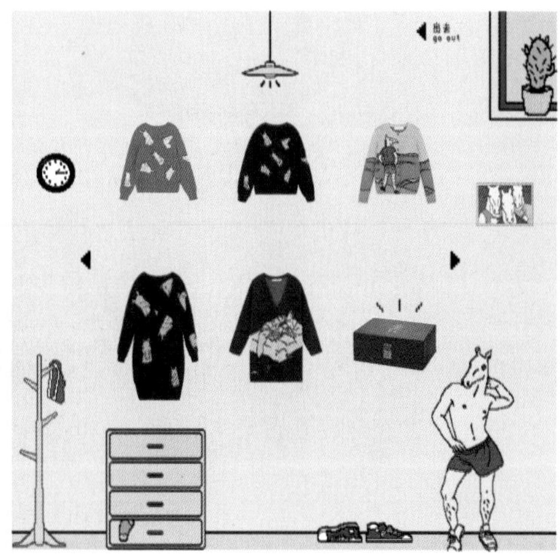

图3.2.2 ZUCZUG生肖系列

第三节 整合跨界的创意设计法

艺术作品的整合指借用其他艺术形式、制作工艺、架构特征等元素为服装创意设计服务，是设计师所追求的最具有个人风格与价值体现的思维方式，也是最具有设计性的思维方式。有学者将这种创新用“黄+蓝=绿”的公式来表达，绿色是黄色与蓝色混合后形成的新的色彩，它既有黄的成分又有蓝的成分，但它却非蓝非黄。这个比喻十分形象和恰当。它被广泛地运用到服装创意设计之中，所谓的“混搭设计”就是如此。通过对已有服装要素创造性地复合，从而创造出新的方式、新的服装设计要素，服装创意设计的原创性就在不断地复合创新的过程中得以体现。

艺术形式的引用可以改变服装固有的组合形式、工艺流程、视觉感受、服用功能，是扩充、创新、完善服装创意设计的有效途径。因为其点、线、面的构成元素在设计领域是相通的，并运用构成法则与设计手法将设计元素融合成新的服装款式，也决定了服装款式最终的风格与特征呈现。在提炼的过程中需要运用敏锐的观察能力与分析能力，将艺术形式由抽象转化为具象，有具象分解为多种构成元素，然后筛选出最具有特征性的元素进行再设计或组合。在艺术设计作品的整合设计中，可以运用以下四种途径进行嫁接的创意设计。

一、形状提炼法

将艺术形式的整体或局部形状轮廓简化成服装款式、部件的轮廓或图案元素的形状。如图3.3.1所示款式是将太空服头盔应用于成衣的帽子设计；如图3.3.2所示款式是设计师ALEXANDER MCQUEEN将乌鸦与羊角的形状用于高级成衣设计。

图3.3.1 头盔形状提炼为帽子

图3.3.2 模仿动物造型的服装廓形提炼

二、图案提炼法

将艺术形式的肌理、图案、纹样提取出来作为设计图案，或将灵感本身的形状与颜色直接作为团元素运用。如图3.3.3所示款式是将X光片的图案运用于设计。如图3.3.4所示，是将花卉的组织和肌理抽象化地配色应用于成衣设计中。

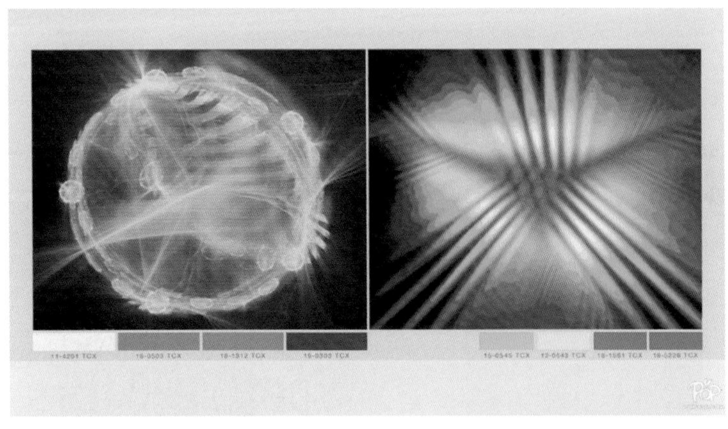

图3.3.3 X光片图案提炼

图3.3.4 自然花卉图案提炼

三、结构提炼法

将灵感源简化为平面构成与立体构成的点、线、面与体，提取其中点、线、面与体的构成方法，并把它模拟运用到创意成衣款式设计的结构分割中。如图3.3.5所示款式是将建筑结构线提炼出来应用于款式结构分割。

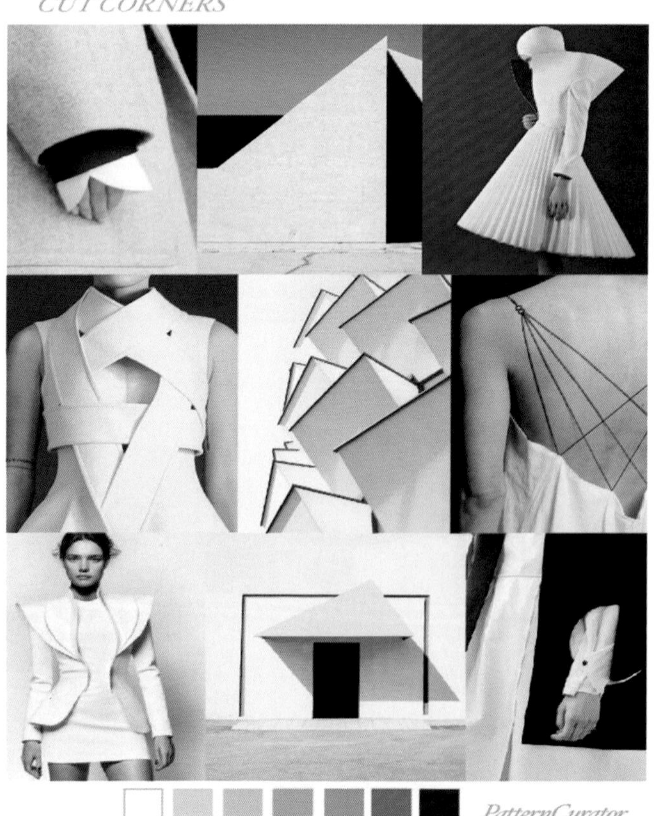

图3.3.5 建筑提炼

四、肌理与工艺细节提炼法

将灵感源的形态特征用代表服装工艺效果的点、线、面构成形式转换出来。如图所示款式是从自然肌理提炼出半立体造型，并用针织工艺表现。

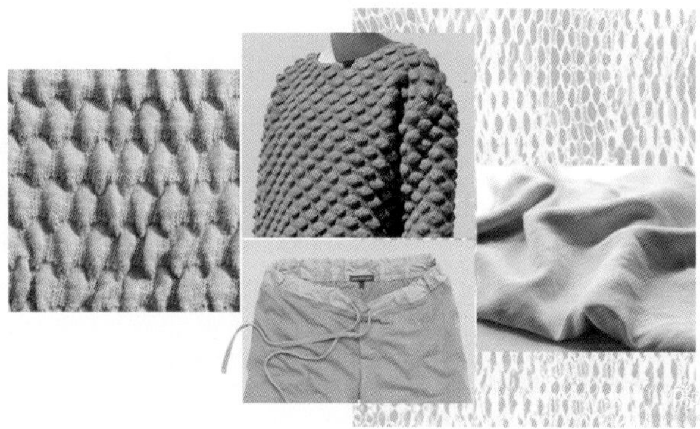

图3.3.6 肌理与工艺细节提炼

第四节 成衣基础功能的拓展创意设计法

成衣基础功能的拓展设计是指在现有服装产品的基础上进行改进，使其在结构、功能、形式等某个方面具有新的特点，从而使原有的产品焕发出新的活力，满足消费者的新需求，扩大新产品的销售。虽说拓展型创新设计的原创性程度不高，但它对服装的发展也是不可或缺的，比较适合普通成衣的创新设计。

着眼于服装各种使用功能的改善与创新是此类服装创意设计的特点。在当今此类创意设计更多地表现为服装材料、服装舒适性、防护性、保健性等方面高科技上的创新应用。高科技的置入、服装功能性的开发等与时尚创意相结合，给服装领域带来了革命性的变革，拓展了创新设计的空间（图3.4.1）。

保暖服　感温变色　反光

图3.4.1 各类拓展成衣功能设计

从功能创新角度开发服装新产品也是重要的创意设计途径。服装的多功能创意设计就是很好的例子。它是属于逆向型的设计思维方式，逆向型创意成衣是指朝着普遍常规成衣设计思维的相反方向思考，呈现出与传统、与常规、与主流相悖的成衣。此种创意主要着眼于服装的跨越发展和对流行趋势的驾驭，创新于设计理念，挑战于司空见惯的事物，构建新时代发展的审美情趣，引起革命性的变革，继而上升为主流。创意成衣中的逆向型呈现出以下四种：

一、服装属性的拓展创意

将成衣类别目标定位与常规属性呈相反的创意设计，它在服装功能上具备与标准源相反或相对的功能。如优衣库通过逆向思维，思考避免臃肿、庞大、保暖的常规羽绒服的设计方法，开发出轻薄柔软、可供折叠、方便携带的轻量羽绒服，一度兴起了轻量羽绒服款式风潮。

图3.4.2 服装属性的逆向设计法

图3.4.3 服装尺寸的逆向设计法

二、服装尺寸的拓展创意

基于一种成衣款式或图案约定俗成的设计尺寸或行业标准，刻意将它放大或缩小、加长或剪短，成为具有反传统意义的新款式，创造出一种新的时尚与流行。例如，传统的西服要求合体或修身裁剪，但随着独立女性意识的诞生与兴起，女式西装款式中出现了刻意的宽松款和加大款，如图3.4.3中（1）加大肩宽、胸围与袖长，其尺寸甚至大于男士西装。又如，当下女装流行的及踝衬衫连衣裙也是一个典型的例子。如图3.4.3中（2）所示，传统意义上的衬衫是上装的一种，其长度一般为及腰或及臀，通过逆向思维将其衣长加至长款连衣裙的尺寸，从而创造出衬衫连衣裙的新款式。

三、服装功能的拓展创意

服装中的每一个款式或其部件细节，除了其审美性之外，还有其重要的功能性。服装功能的逆向式的创意是指弱化或消除其传统意义上的功能，加强或增加其他功能的成衣设计。如图3.4.4所示，女性文胸在传统概念中属于内穿式样，但通过逆向思维将它设计成外穿元素并对其进行变化设计，如将它变成图案与其他面料拼接成新款式，或直接改良成外穿的胸衣背心。在逆向设计过程中消除了其作为内衣的保护功能而强化了其装饰与外穿功能。此外，将用来开合的拉链作为装饰辅料也是常见的功能逆向式应用。

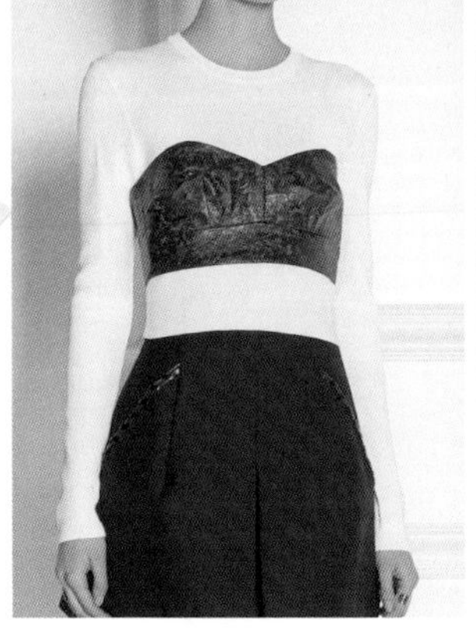

转化为图案　　拼接　　内衣外穿

图3.4.4 服装功能的逆向设计法

四、服装穿着方式的拓展创意

常规品类中服装款式有其约定俗成的穿着方式，即上装穿在上身、下装穿在下身，每个款式有其固定的着装状态。穿着方式的逆向式是指突破款式固有的一种穿着位置或穿着方式，设计出与传统不同的穿着位置或多种穿着方式。如图3.4.5所示：左边展示了一衣多穿，打破了传统上衣与下装的界限，利用面料与结构的特性，通过不同的穿着方式形成多变的服装款式；右边展示了把常规的西式套装，即上身西装与下身西裤的分体穿着组合，运用逆向思维方式将西装与西裤连为一体，变成了西装连身装。

一衣多穿　　西装连身装

图3.4.5 服装穿着方式的逆向法

创意成衣设计的创作过程是设计思维的表达过程，由于其设计具有成衣属性，因而在创意的过程中需要考虑到成衣推广的可能性。穿着对象、服用功能、创意思维、工艺体现与消费者接受度是衡量创意成衣设计作品是否成功与可行的重要标准，在做推款设计中，选定设计方法以明确的定位做延伸设计是创意成衣设计的主要途径。

Chapter 4

第四章 成衣基础款式的变化设计

- 本章将围绕成衣基础款的经典款式、基础板型构建、变化设计三方面进行详细地分析与讲解。

第一节 成衣腰裙类

腰裙是成衣中下装的重要种类。腰裙是以腰围线为基础线，将布片围绕臀围下半身服装的总称。它的基础原型体现了人体下半身腰部、腹部、臀部、人体步幅的基本关系。腰裙的创意设计是建立在基础原型的变化设计上的。成衣类腰裙的设计一方面来自于既定款式的传承，另一方面来自于裙装廓形、分割、打褶等技法的组合运用。本节将围绕腰裙的经典款式、基础板型、变化设计三方面进行分析。

一、腰裙类经典款式

表4.1.1 腰裙类经典款式与特征

直筒裙	斜裁裙	新风貌中长裙	迷你裙
起源于传统腰裙，因呈直筒状而得名。直筒裙最初以围裹系结为主，后演化为拉链闭合的方式	斜裁裙的纱向不采用直纱，而是根据部位的设置采用具有一定倾斜角度的斜纱作为长度单位，斜裁裙与人体曲面有更贴合的匹配度	来源于20世纪50年代法国设计师迪奥的新风貌款式，外观呈A字廓形，细腰、宽摆，长度在脚踝处，呈现出优雅的女性风格的裙装类别	迷你裙又称为超短裙，指的是长度在膝围线上20厘米左右的裙子，通常成A字形廓形
太空裙	褶皱裙	鱼尾裙	波西米亚塔裙

源于20世纪60年代太空风格服装的影响，通常以简单的几何廓形塑造未来感，极简风服装的代表	根据造型的不同，分为规律褶与变化褶两种，褶皱的量与大小与面料材质密切相关，是极具女性特点的装饰结构	鱼尾裙因其展开的裙摆与鱼尾形状相似而得名。鱼尾裙的上半身通常采用合体设计，从膝围线开始进行展开结构，通常用于正装与礼服设计中	波西米亚风格的裙子具有两个特点：长裙与褶皱，在设计上体现出自由与浪漫的特点，塔裙就是其中的经典结构之一

二、 腰裙类的应用与特征

表4.1.2 各类应用腰裙的特征

职业类	面料：棉、麻、毛、丝以及混纺类 色彩：以中性色为主，颜色纯度与明度较低，颜色较为沉稳 廓形：以H形与A形为基础廓形 零部件：口袋与腰头的变化 细节：通常在底摆、开衩、腰头、口袋、门襟处进行细节变化设计	  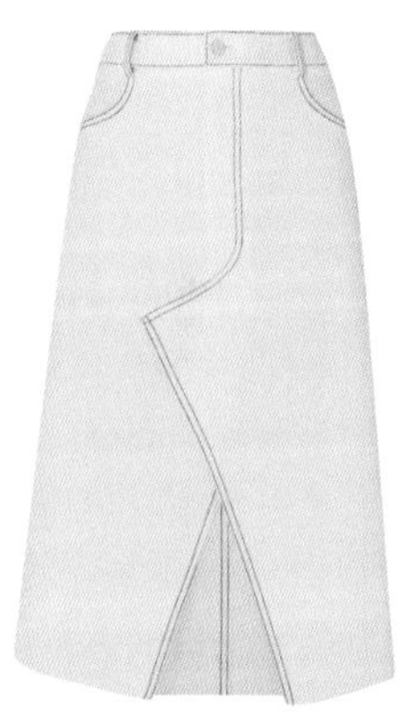
休闲类	面料：牛仔类、混纺、复合材料等 色彩：同色系或对比色，颜色明度与纯度较高 廓型：廓形多变，不拘泥于基础廓形 零部件：多为部件结构的创新变化与应用 细节：图案、色彩、结构等不受传统设计的局限，是变化最为丰富的款式类别	  

礼服类	面料：多选择悬垂感较高的材质 色彩：较为女性化的色彩或中性色 廓型：优化女性下半身的廓形，如鱼尾型、喇叭形等 零部件：多以腰部变化为基础展开相关设计 细节：通常采用波浪、碎褶等装饰细节	
工装类	面料：牛仔类、卡其类、水洗布等 色彩：以大地色为基础色调 廓形：多以直线、几何形为基础廓形 零部件：贴袋、开合方式更符合服用功能的设计 细节：可拆卸设计以及具有鲜明标识、警示含义的装饰细节	  

三、裙装的基本结构——原型裙

原型裙是所有裙装款式变化的基础，它表现了人体下半身的基本状态。原型裙结构是在前片与后片对腹部隆起量和臀部突出量进行省道处理，以满足人体线条的基本腰裙。其造型表现为从腰部到臀部基本与人体吻合。原型裙由腰围、腹臀厚、臀围与裙长等数据构成，同时在结构设计中还应考虑到人体活动的松量与步幅关系，这些共同构成了原型裙的基本结构。

四、腰裙的廓形变化

裙子的廓形有两种分法：一种是以裙摆的宽度来划分，分为窄摆裙、合体裙、A字裙、斜裙、半圆裙和整圆裙；另一种是根据裙子边缘的外观轮廓来划分，通常以物象形状进行命名，如陀螺裙、郁金香裙、喇

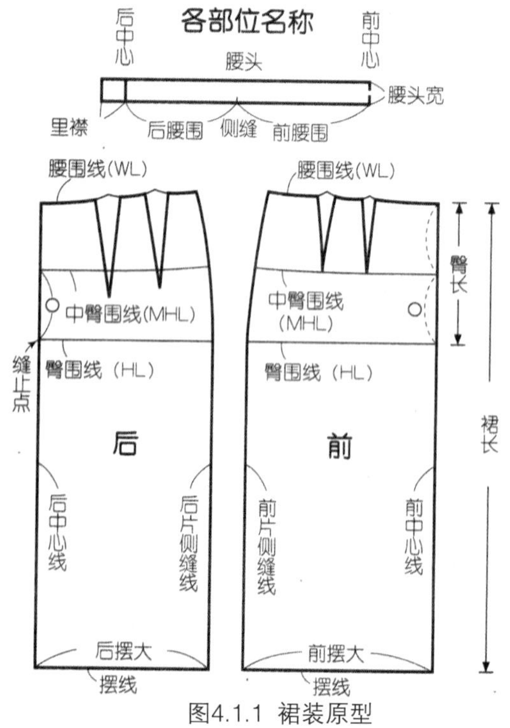

图4.1.1 裙装原型

叭裙、鱼尾裙、塔裙、太阳裙等。从表面上看，裙子的外形是由裙摆大小的变化决定的，但实质上腰口线的上翘程度制约着裙摆的大小，并通过腰臀之间省的加放与转化来形成。

腰裙廓形的变化与面料有直接关系。相同款式的腰裙采用不同的面料，会因面料质地不同，其表现的裙形状态也不同，而且对工艺细节的要求也不同。面料质地的厚、薄、柔软、硬挺在裙形表现中呈现出的造型效果不同。可利用面料质地特征的差异，选择合适的面料来表现不同造型裙子的特点。因此，裙类在造型表现过程中，需根据其造型设计的要求，选择合适的面料。如打褶裙、圆台裙一般适合用相对柔软、轻薄的面料，而硬挺的面料适合窄裙类的设计。

五、 腰裙的分割变化

腰裙的分割变化可分为功能性和装饰性两种。功能性分割线对结构产生影响，装饰性分割线不对造型产生影响。分割线可以分为竖向分割、横向分割、竖向与横向交叉分割、斜线分割和曲线分割等。分割裙在视觉上有很强的装饰性，其结构处理与人体的特征紧密相连。裙装分割线的设计要体现服装穿着舒适、活动方便、造型美观的基本功能。竖向分割线应与人体凹凸点尽量保持平衡。横向分割线，尤其是处于臀部、腹部的育克分割线，要以凸点为基准来确定分割线的位置。在其他部位，要遵循合体、运动、形式美的原则进行设计。

表4.1.3 腰裙的分割变化

	装饰性分割线		结构性分割线	
竖向分割线	针织裙本身是具有弹性的，从结构上不需要通过分割线的设计做合体处理。此款针织裙的分割不解决结构问题，属于装饰性分割。		此款裙子为高腰裙，在处理腰臀差量的位置中加入了竖向分割线，转省成缝，具有合体的结构特点，属于结构性分割。	
横向分割线	通过双色拼接，加长了裙子的长度，通过渐变的色彩，形成上轻下重的视觉效果。此类横向分割属于装饰性分割。		此款腰裙在腹凸处，设计了向下弯曲的横向分割，这道分割线解决了腰与臀之间的差量所形成的省道。同时通过分割线的设置，在裙身部位加入了波浪结构的设计，丰富了裙装的变化设计，属于结构性横向分割线。	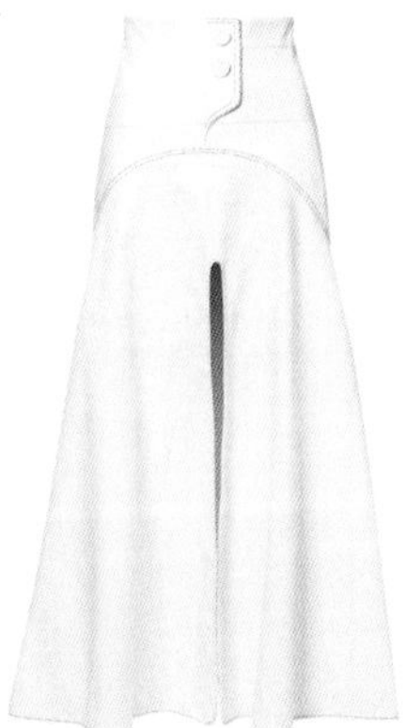

斜向分割线	通过底边的不对称处理形成斜向分割的视觉效果，与面料本身的横向分割形成变化。不涉及到裙装主体的结构变化，属于装饰性的斜向分割设计		在臀部最丰满处，设置的斜向分割线，通过打褶设计突出了臀部的线条，同时斜向线的设计打破了传统A型裙的外观廓形，丰富了造型变化，属于结构性斜向分割线	
综合分割线组合	此款腰裙的横向分割线、纵向分割线与斜插袋的斜向分割线虽然都处于人体结构位置，但是并未做实质的分割，因而，此类分割仍属于装饰性分割	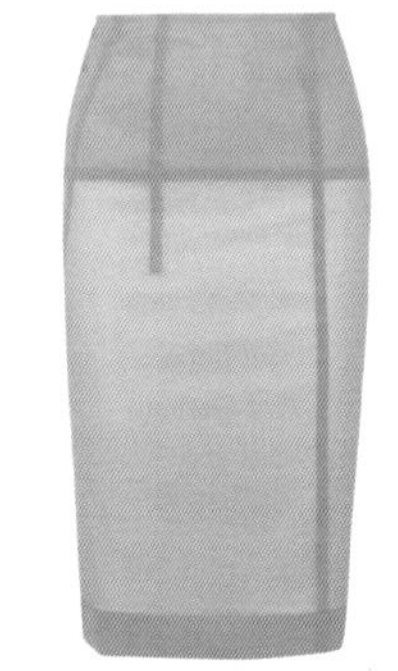	本款腰裙的纵向分割线解决了臀腰差量的结构问题，裙身的斜向分割的裙片采用了具有倾斜角度的斜纱做长度单位。是兼具结构与装饰的复杂分割设计	

六、腰裙的褶裥变化

折裥裙具有立体效果和强烈的装饰效果，因而是创意裙装最为常用的设计技法。褶在裙子造型过程中不但具有与省道和分割线相似的结构作用，还可以通过打褶或抽褶的方法对裙子的结构造型进行展开设计。打褶和抽褶是不同结构裙型的基本结构变化设计的其中一类。它既可以表现多层次的立体造型效果，展现裙型的结构动感；同时它具有很强的装饰功能。打褶裙可以分为两种：一是自然褶，二是规律褶。自然褶具有随意性、多变性、丰富性和活泼性等特点。规律褶则表现次序感，包括普利特褶裙和塔克褶裙。普利特褶裙指确定褶的分量是相等的，褶需热定型固定。塔克褶指固定褶的根部而其余部分自然展开。

表4.1.4 腰裙的褶裥变化

规律褶	由于规律褶会产生一定的立体感和量感，设计时需要注意打褶的位置、方向和数量，在达到造型目的的前提下使裙装不产生臃肿感	普利特褶裙 	塔克褶裙 	

自然褶	抽褶线的位置和增加抽褶的量是自然褶的展开设计关键。在设计时需注意此两点变化所产生的结构与造型的匹配度	

第二节 成衣连衣裙类

连衣裙是将上衣和裙子连接成一体的服装，上装的多元造型与下装丰富的变化，使连衣裙成为服装品类中变化最为丰富，种类最为多元的成衣类别。从结构上，它可以看成是上衣原型与裙原型的对接，但在对接的过程中人体胸省与腰省产生相应变化，因而连衣裙基础原型在形式组合上形成了横向分割与纵向分割两种形式，以解决人体体型的自然曲线。连衣裙的创意设计是建立在多样型廓形的基础上演变而来的，分为合体型、X型、Y型、A型、O型和H型六大廓形。成衣类连衣裙的设计常常与其他类别的成衣种类融合运用，如衬衫式连衣裙、外套式连衣裙，风衣式连衣裙等。同时具有连衣裙与类别成衣的双重特性，这是其他类成衣所未有的设计想象。本节将围绕连衣裙的经典款式、基础板型构建、变化设计三方面进行分解。

一、连衣裙类经典款式

表4.2.1 连衣裙类经典款式与特征

S形	低腰直筒裙	斜裁裙	军装元素连衣裙

来自于辛普森女郎Gibsongirl强调纤细的腰部和丰满的胸与臀，线条呈S形	女男孩风貌以Chanel为代表的设计，强调平直的廓形、低到臀围的腰线，长度在膝围度线上下	利用面料的纱向与人体的曲线相结合，代表设计师Madeleine Vionnet的手帕裙	具有军装元素的套装连衣裙

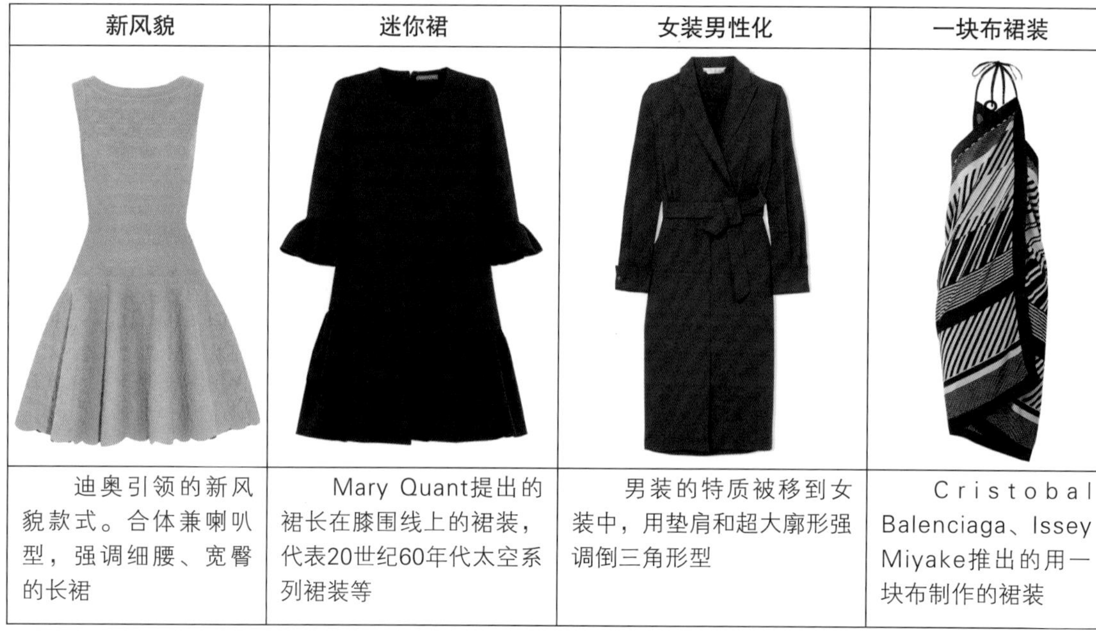

新风貌	迷你裙	女装男性化	一块布裙装
迪奥引领的新风貌款式。合体兼喇叭型，强调细腰、宽臀的长裙	Mary Quant提出的裙长在膝围线上的裙装，代表20世纪60年代太空系列裙装等	男装的特质被移到女装中，用垫肩和超大廓形强调倒三角形型	Cristobal Balenciaga、Issey Miyake推出的用一块布制作的裙装

二、 连衣裙的基本结构

连衣裙的基本结构是依附人体，进行腰省、胸省的结构处理，形成符合女性人体曲线变化的基本造型，也可以理解为将上衣原型与裙装原型连接在一起形成的整体造型。由于在对接的过程中人体体表的曲线形成省道，在收省的过程中腰线在上下对接中形成空量，因此，在连衣裙的基本结构中一定要有分割线的设置，以解决人体体表所形成的上、下装对接空量。连衣裙的基本结构分为纵向分割结构（即公主线分割、刀背缝分割）和横向分割结构（即育克结构和断腰节结构），如图4.2.1所示。

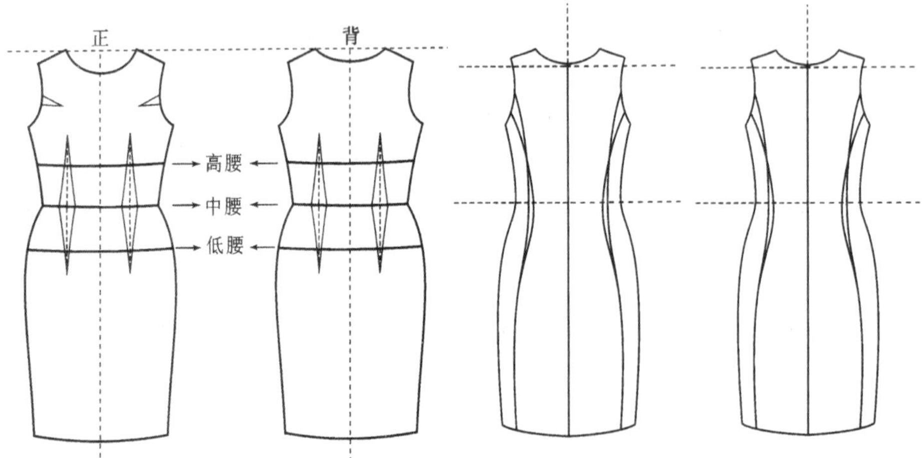

图4.2.1 连衣裙的基本结构

分割线是连衣裙的设计要点之一，基本分割线分为纵向和横向两种。纵向分割线可以是：前后中心加入一条的情况和加入两条公主线的情况（图4.2.2）。利用公主线可以塑造身体曲线，并满足收腰展开下摆的设计要求。同时，也可将两条纵向分割线延伸至袖窿形成刀背缝造型。另外，还可以将前后中心与公主线组合形成三条分割线的情况。其他应用情况就较少了。

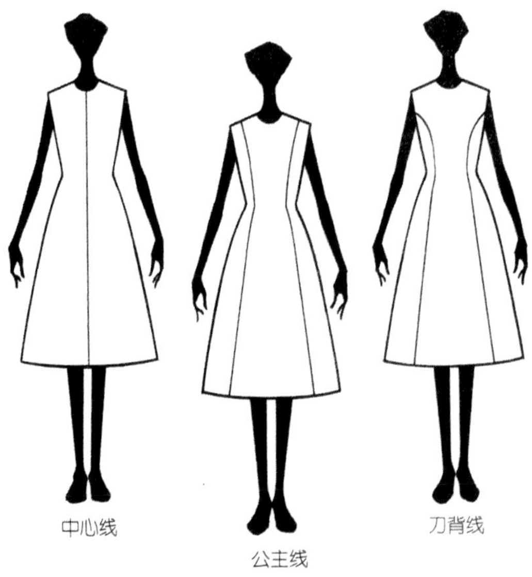

图4.2.2 纵向分割线

图4.2.3 横向分割线

横向分割线可放置在衣片从上到下的各个位置上（图4.2.3）。首先在上部最常用的位置是肩部育克位。肩部育克位常常被流行所左右，通常用于衬衫和孕妇装等。高腰分割线最常用的位置是胸下围线。正常腰位分割线是使用最多的基本分割线。低腰分割线一般设定在盆骨或臀围线附近，如果分割线位置放置在臀围线区域，视觉上为了达到拉长的效果，需要注意与裙长的平衡、与全身比例的协调等。下摆附近做分割线时，一般会加褶边或配色等装饰性处理。低腰和高腰的变化会受流行趋势所左右，时代不同，位置会有所变化。

三、 连衣裙的廓形变化

连衣裙的基本廓形变化设计是对连衣裙基本结构的展开变化。具体表现为在基本结构造型基础上进行肩、腰、臀的结构变化使之产生X型、Y型、A型、H型和O型等基本廓形（图4.2.4）。

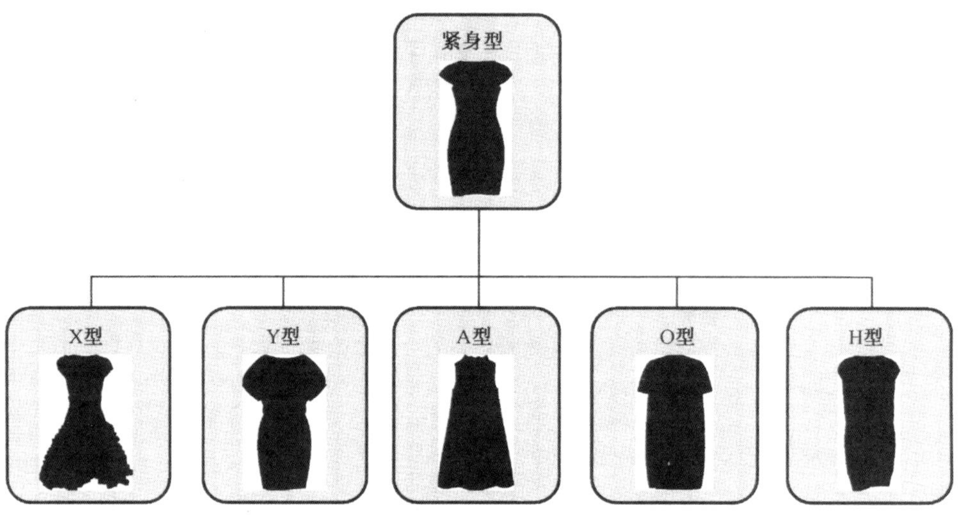

图4.2.4 连衣裙的廓形变化

表4.2.2 各类廓形连衣裙变化类别

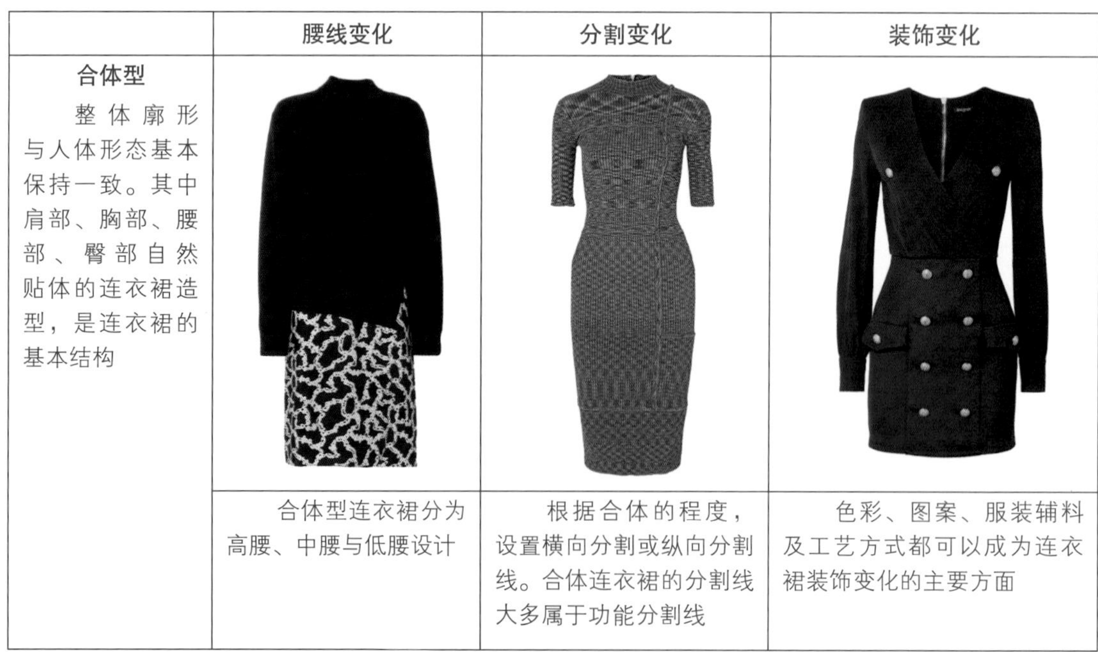

	腰线变化	分割变化	装饰变化
合体型 整体廓形与人体形态基本保持一致。其中肩部、胸部、腰部、臀部自然贴体的连衣裙造型，是连衣裙的基本结构			
	合体型连衣裙分为高腰、中腰与低腰设计	根据合体的程度，设置横向分割或纵向分割线。合体连衣裙的分割线大多属于功能分割线	色彩、图案、服装辅料及工艺方式都可以成为连衣裙装饰变化的主要方面

X型 X型连衣裙为宽肩、细腰、宽摆的外观造型。在紧身型的基础上，肩部向外张开，腰部收紧，下摆张开，整体呈字母X造型的连衣裙廓形。			
	X型连衣裙大部分的腰线设计处于人体腰部最细处	为了塑造宽肩、阔摆，与腰部形成鲜明的对比，通常采用分割设计，加强结构塑型手段	大部分的装饰通过面料本身的二次再造进行创意体现
Y型 Y型连衣裙为倒T型的款式，强调肩部的宽度，与腰部与底摆形成对比。在紧身裙的基础上，肩部向外，从肩、腰至下摆顺势收拢，整体呈字母Y造型的连衣裙廓形			
	大多采用中高腰处理，腰部以下呈直筒型或下摆略收的合体型	可以进行复杂的分割变化，如扭转、穿插等，以此塑造较为合体的腰部线条	通常可以采用抽拉、波浪、褶皱等富有女性风格的装饰手法
A型 呈现正三角的外观廓形。肩部略向内收，从胸、腰、臀至下摆顺势向外，整体呈A造型的连衣裙廓形			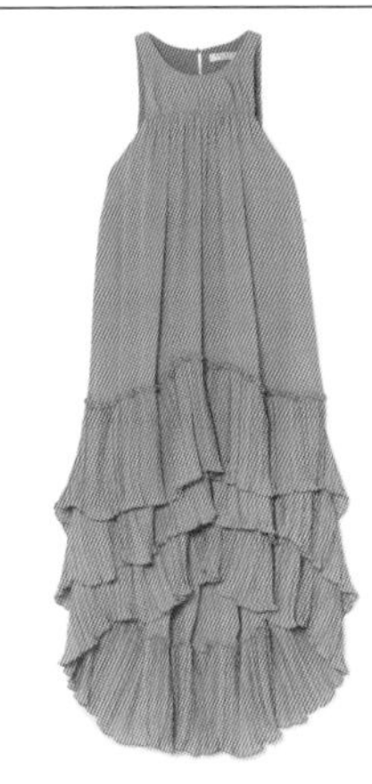
	A型连衣裙不强调腰部位置，因而腰线位置可以根据服装整体风格进行设定	可在腰围处设置分割线，通过展开下摆形成与上装廓形的对比，从而塑造出A型的外观廓形	波浪、碎褶、褶裥、分割等塑造空间膨胀感的技法都可作为A型裙的装饰技法

H型 外观呈矩形状态，不强调腰线位置，从肩部自上而下呈直线形状，整体呈字母H造型的连衣裙。			
	大多外观呈矩形廓形，不强调腰线位置。20世纪20年代受夏奈尔款式的影响，大多设计为低腰线	分割线只解决胸围线以上的平衡问题，多以省道处理，因此其分割线多为装饰性分割	H型连衣裙大体呈平面二维形态，因此可在面料上做广泛的创意尝试
O型 中部突出的连衣裙廓形。其特点为胸腰部宽松、臀部放松、下摆内收，整体呈球形的连衣裙。	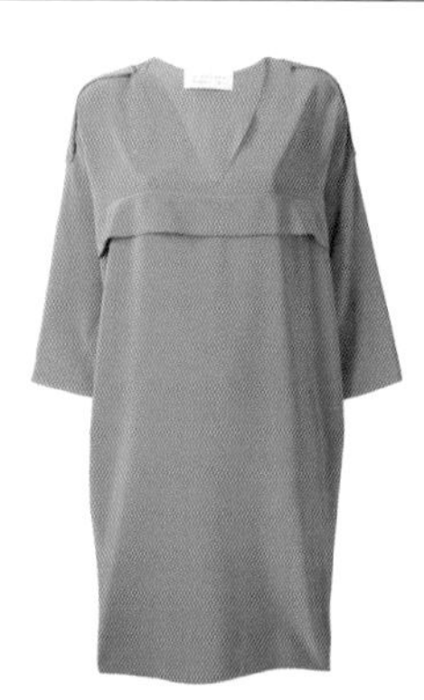		
	在胸腰围处加入横向分割线，通过加量展开而塑造出中部隆起的廓形。O型的形态决定了腰线位置的高低	多采用横向分割线，用以塑造中段隆起的廓形。为了加强其装饰效果，同时可对其结构进行横向或纵向的辅助分割	可在边缘采用花边、刺绣、流苏等装饰工艺加强其边框效果，突出O型主体结构特点

四、连衣裙与其他成衣种类款式的组合变化

表4.2.3 连衣裙与其他成衣种类款式的组合

衬衫式连衣裙 指将衬衫的设计元素应用于连衣裙的款式设计。此类连衣裙常用小翻领、衬衫门襟等设计手法。	衬衫领+荷叶边袖 	Polo衫门襟+衬衫领 	飘带领+A型裙 

外套式连衣裙 指将外套的设计元素运用于连衣裙的款式设计。此类连衣裙常用反驳领、青果领等外套常用的领型设计等手法，常用较为硬挺的面料进行表现	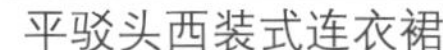 平驳头西装式连衣裙 	刀背缝无袖四开身连衣裙 	不对称斜肩四开身连衣裙 
猎装式连衣裙 指将工装的设计元素运用于连衣裙的款式设计。此类连衣裙常用拉链、贴袋、功能袢、金属装饰等设计手法	猎装式门襟连衣裙 	猎装式插肩袖斜襟连衣裙 	内衣与猎装一体式连衣裙 
风衣式连衣裙 指将风衣的设计元素运用于连衣裙的款式设计。此类连衣裙常用肩盖、肩袢、腰带、双排扣或单排扣的门襟等设计手法	 对襟荷叶边袖山风衣式连衣裙 	高腰褶裥风衣式连衣裙 	波浪分割风衣式无袖连衣裙 

内衣类连衣裙	罩杯塑型式连衣裙	双肩背带式荷叶边连衣裙	挂肩褶裥式连衣裙
指将内衣的设计元素运用于连衣裙的款式设计。此类连衣裙常用吊带、抽褶、低胸、绳带装饰、荷叶边装饰等设计手法。			

第三节 成衣裤装类

裤子是将人体下半身的两腿分别包裹起来的服装，与裙装不同的是，裤装结构融入了人体腹臀厚的概念，为了容纳人体的臀部曲线形成前后裆弯弧线，在人体下蹲与座下时产生后裆困势。裤装由于其下肢良好的功能性且易于活动，一直以来是男性服装中重要的成衣品类，女性裤装是从20世纪开始，从结构设计的角度，女性裤装是在男裤的基础上发展而来的。裤装的创意设计是建立在裤装基础原型的变化设计，成衣类裤装的设计一方面来自于经典款式的传承，主要体现在裤子基础构成部件的创新，如腰部、口袋、门襟、脚口等的创意设计。另一方面来自于裤装廓形、分割、打褶等技法的运用与组合。本节将围绕裤装的经典款式、基础板型构建、变化设计三方面进行分解。

一、裤装类经典款式

表4.3.1 裤装款式与特征

灯笼裤	直筒裤	翻边裤	卷烟裤

19世纪中期美国妇女解放运动的先驱者、女记者布鲁姆穿用的裤子款式，在裤腿处有重叠宽松量，并在裤口处收碎褶形成气球造型	裤子的基本型，裤管呈直线，松量可根据流行进行不同的设计变化	前片有两个折裥，裤脚管向外翻边的男士裤造型。大多选用织造比较紧密的面料，前后熨烫出中缝线	如卷烟造型，没有裤中缝线，比直筒裤紧身的款式
面袋裤	**百慕大短裤**	**牙买加短裤**	**热裤**
像口袋一样宽肥的造型，直裆深，从臀部到裤脚口特别肥大	露出膝盖长度的造型裤。美国北卡罗莱纳州避暑疗养地，以百慕大群岛而得名，裤口较细	裤长至大腿中部造型的裤子。以西印度群岛避暑疗养地牙买加而得名，夏天游玩时穿着比较多	裤长至大腿根部的裤子
紧身裤	**斗牛士裤**	**骑车裤**	**脚蹬裤**
裤子的廓形包裹人体腿型，一般选用弹力面料	模仿西班牙斗牛士裤而设计的款式，也因此而得名。裤管细长及小腿肚稍上，裤口侧缝处开衩或开口，这是为了易于穿着	因骑自行车踏踏板方便而得名。裤长至膝盖和小腿位置的短裤款式	脚蹬是骑马时脚踏着的部位名称而得名。在裤脚口连裁脚蹬或装上松紧带

牧童裤	吊钟裤	喇叭裤	陀螺裤

起源于南美的牧童穿着的裤装，裤长至小腿肚，裤口肥大宽松的款式	腰围至臀围处合体且瘦，从膝部位置向裤口加入形成喇叭的量而变肥大，形成吊钟造型的裤型	从腰围至臀围都比较合体，从腿部开始松量逐渐变肥大的裤子造型	强调腰部造型的裤子。因造型像陀螺而得名。臀部膨胀，从裤腿向裤口变细
锥形裤	**马裤**	**伊斯兰裤**	**罗马裤**
		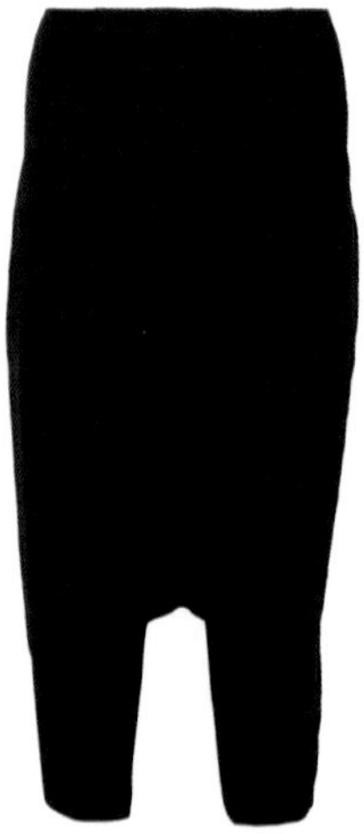	
从腰围至臀围加入裥或碎褶，具有一定的松量，从大腿开始至脚口逐渐变细	从膝部到大腿部宽松膨胀，从膝下到脚踝部合体。大多数安装钮扣或拉链	裤腰围一周加入折裥，非常宽松，没有直裆，在下摆处抽成一团，只在裤脚口收紧	属于锥形裤类。在裤子的侧缝处，加入环浪
松紧带裤	**背带裤**	**连身裤**	**牛仔裤**

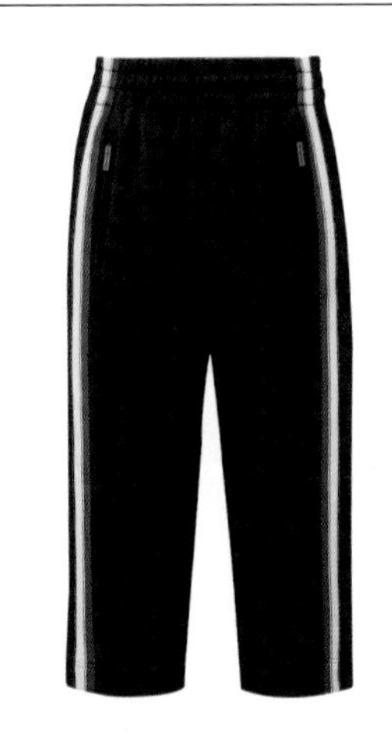			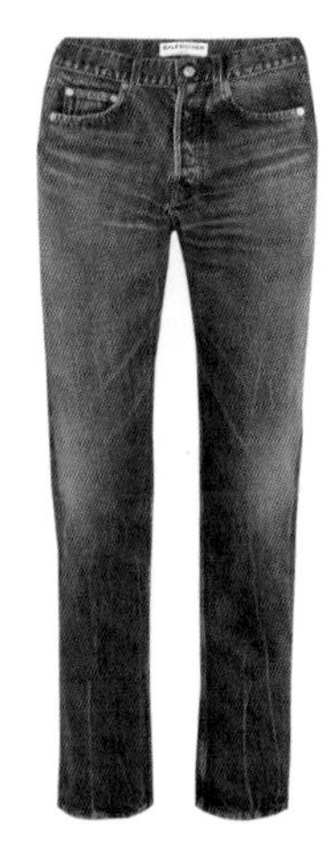
宽松造型，无腰带，在腰部加入弹性橡筋。是运动裤、睡裤通常的款式	在裤子的上半部、衣身前片加入肚兜造型	衣身与裤身连为一体	1850年代美国西部的金矿劳动者工作时穿着的织制紧密的斜纹棉布

二、裤装的应用与特征

表4.3.2 各类应用裤装的特征

正装裤		**基础款** 款式特征为带有挺缝线褶裥与单省道、斜插袋、绱腰裤		**变化款** 可在腰头部位、褶裥的设置与脚口处等结构方面进行变化设计
休闲类		**基础款** 休闲裤涵盖范围较广，没有基本款式的限定。其裤型与人体体型近似		**变化款** 休闲裤是造型变化最为丰富的款式类别，打褶、分割都可应用于休闲裤变化设计中

运动类		基础款 运动类裤装的特点为腰头部分大多为可拉伸的松紧设计，裤子臀围松量较大，立裆较深。脚口的设计大多也采用罗纹组织，具有弹性。其面料多采用针织或依据功能的不同具有明确运动功能型的面料		变化款 运动裤在变化上通常选用高强度的对比色，增强服装的醒目度。为了使裤装更为符合人体运动类别与功效、分割线的变化设计也是经常使用的设计手段
牛仔类		基础款 牛仔裤以直筒型为基本款式演变出小脚裤、紧身裤、喇叭裤等多种类别。牛仔裤裤型的塑造与牛仔面料材质性能密切相关，直接影响到牛仔裤廓形的塑造		变化款 水洗、做旧、撕扯等属于牛仔面料特有的装饰工艺，也是款式变化的亮点。同时，牛仔款式从结构上可以与裙装进行复合的创新设计

三、 裤装的基本结构——原型裤

根据人体腰部以下的结构，裤子的长度由股上长和股下长两部分组成；而维度部分主要由五部分组成：腰围、臀围、横档、中档、脚口。

臀围的放松量是根据裤子的廓形、面料、功能而定，廓形越宽松，臀围松量越大；有弹性的面料在做紧身裤时不仅不加量反而要减少松量；裤子的松量加放与穿着功能密切相关，着装层次越多的裤子，松量越大，反之亦然。同时，腰臀之间的差量也是裤子造型设计手段的重要依据，在A型体的基础上，裤子前片可以做褶裥与省道的造型，而腰裙差较小的时候，只能通过松量的加放，增加其造型量。

在前后裆的设置中，前裆宽小于后裆宽，人体的活动规律是臀部前屈大于后伸，因此，后裆的宽度要增加必要的活动量。另外，裆的宽度还要适当考虑人体的厚度，臀部尺寸相同的人，由于腰宽和臀厚度不同，其裆宽是不一样的，臀部厚而宽的人，裆宽应大，薄而扁的人，裆宽应相应减少。

裤子的对称是以挺缝线为基准，左右两边等分，挺缝线是确定和判断裤子造型和产品品质的重要依据，其标准是前后挺缝线两边的面积以膝围线为准，左右两边均等，前后挺缝线必须与布的纱向保持一致。前后裤口线的宽度根据臀围大于腹围的原理，后裤脚大于前裤脚。

各部位名称

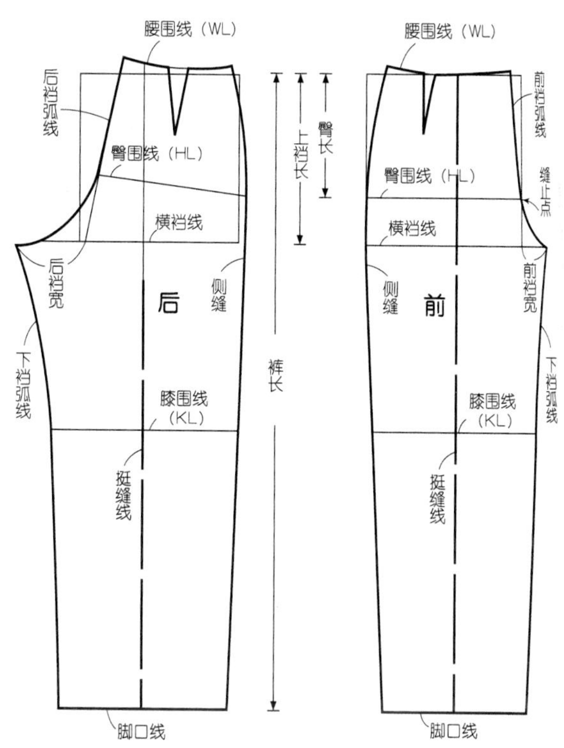

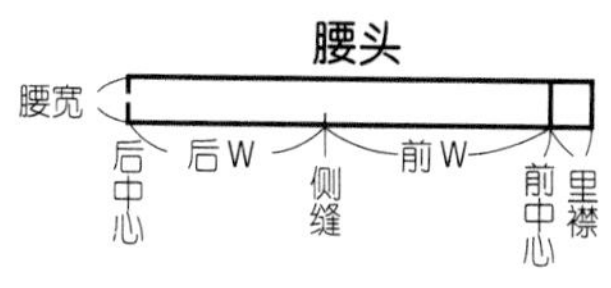

图4.3.1 裤原型

四、 裤装的廓形变化

裤子的廓形有四种基本形式：直筒裤（长方形）、锥形裤（倒梯形）、喇叭裤（梯形）、骑马裤（菱形）。裤装的廓形变化是基于臀部的放松量、裤脚口的宽窄、腰口线的高低而形成的。由于人体的臀腰差量是一定的，因而为了塑造裤子的廓形，通常采用在臀围加量转换成分割线、省道、褶裥与碎褶的结构样式。也可以通过腰线的提高与降低改变原有臀腰的比例关系。

表4.3.3 裤装的廓形变化

	腰位变化		分割变化		褶裥波浪等变化	
直筒裤长方形		大部分的直筒裤为中、高腰设计。即在腰围最细处上下位置		为了塑造H型长方形的裤型，可在挺缝线位置处设计纵向分割线		根据腰臀差量的大小，可设计单褶裥或双褶裥

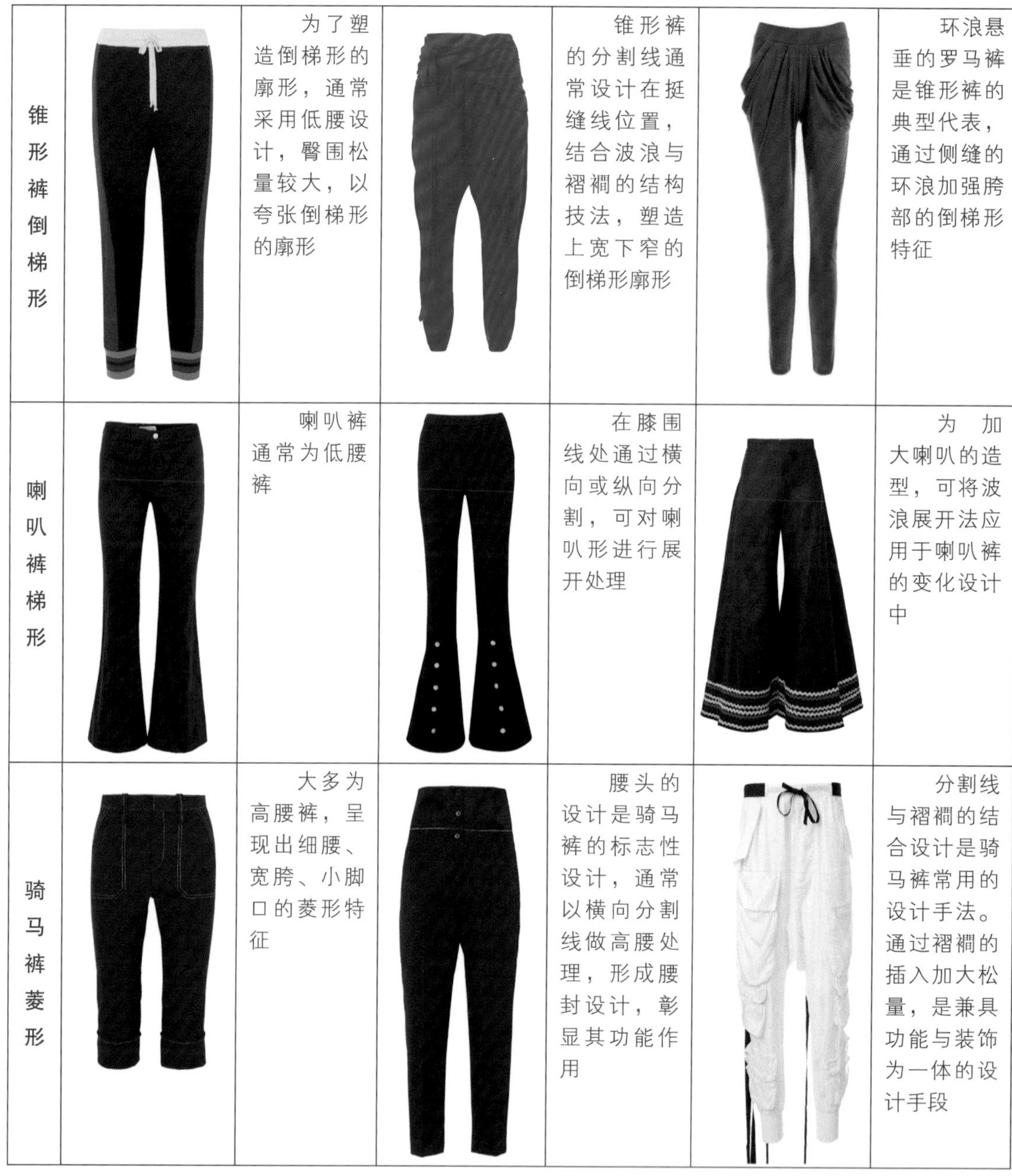

锥形裤倒梯形		为了塑造倒梯形的廓形，通常采用低腰设计，臀围松量较大，以夸张倒梯形的廓形		锥形裤的分割线通常设计在挺缝线位置，结合波浪与褶裥的结构技法，塑造上宽下窄的倒梯形廓形		环浪悬垂的罗马裤是锥形裤的典型代表，通过侧缝的环浪加强胯部的倒梯形特征
喇叭裤梯形		喇叭裤通常为低腰裤		在膝围线处通过横向或纵向分割，可对喇叭形进行展开处理		为加大喇叭的造型，可将波浪展开法应用于喇叭裤的变化设计中
骑马裤菱形		大多为高腰裤，呈现出细腰、宽胯、小脚口的菱形特征		腰头的设计是骑马裤的标志性设计，通常以横向分割线做高腰处理，形成腰封设计，彰显其功能作用		分割线与褶裥的结合设计是骑马裤常用的设计手法。通过褶裥的插入加大松量，是兼具功能与装饰为一体的设计手段

五、裤装的部件变化

裤装的部件具有独立性，是构成裤子款式的重要类别，具有程式化特征。这些部件的应用常常对应具体的裤装款式类别。

口袋设计多具有实用性与装饰性。在西裤类中，后片使用单嵌线或双嵌线的挖袋样式，其结构变化可以在嵌线的宽窄、长短和面料的选用中进行变化。在牛仔裤中，后片口袋通常以贴袋的形式出现，贴袋的形状与装饰线迹可以美化着装者的臀部曲线。在工装裤中，后口袋的设计则采用立体贴袋的款式，可以容纳更多的物件，具有使用功能。

腰部的设计包括腰线位置、腰线造型、腰部配饰的设计。腰线位置的高低决定了腰臀之间的差量关系，在新的差量关系中产生新的造型设计。

侧缝设计是在裤子的前后片衔接的侧面进行的装饰设计，有单明线设计、双明线设计以及利用缝份夹缝流苏等装饰设计。

脚口设计与裤长的相关，以穿脱方便为其尺寸的依据，根据需求分为装扣设计、拉链设计、松紧设计、翻折设计等。

表4.3.4　裤装的部件变化

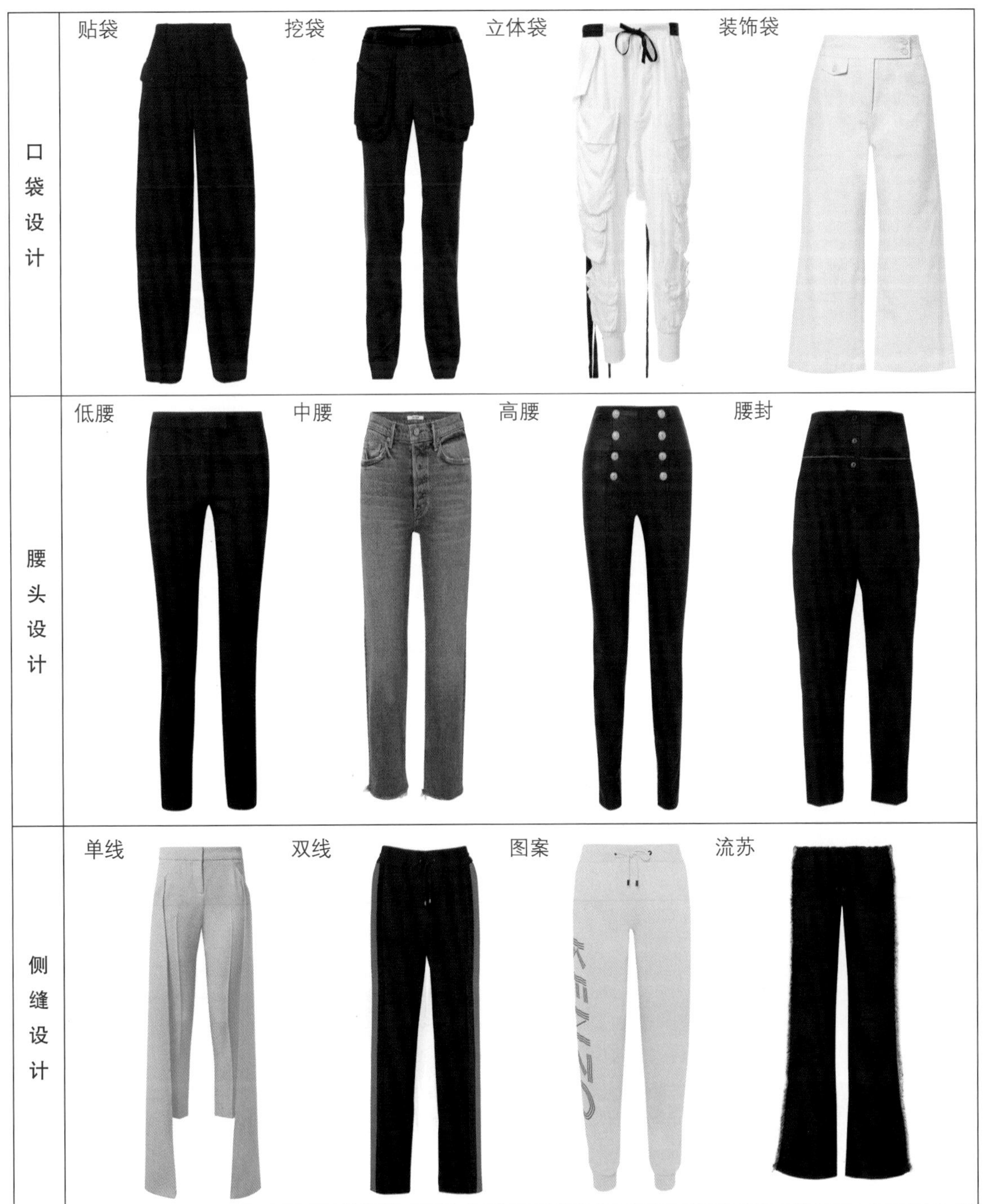

口袋设计	贴袋	挖袋	立体袋	装饰袋
腰头设计	低腰	中腰	高腰	腰封
侧缝设计	单线	双线	图案	流苏

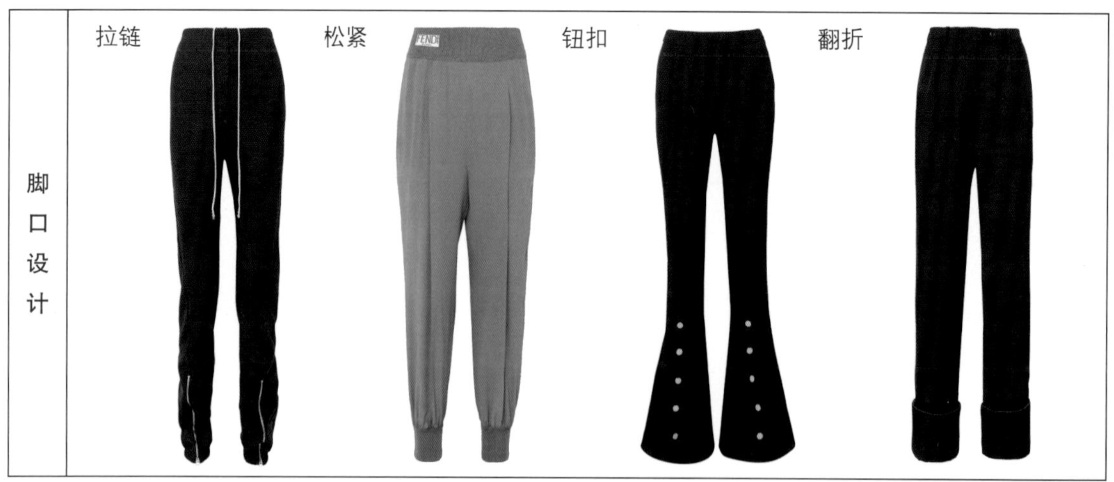

第四节 成衣衬衫类

衬衣的基本结构包括领子、袖子、门襟、衣身等。衬衣的设计是围绕着这些基本结构进行的展开设计，各个结构之间存在着相互联系和相互影响的关系。领子设计与门襟设计、肩部的造型设计息息相关，肩部设计与袖子的设计有着连带的关系，并且，衣身的结构特点需和领子、门襟、肩部等造型特点相协调。衬衫是成衣中的最基本款式，也是应用最为广泛的款式之一。在基础板型的变化设计中，常常是遴选其中的一个典型设计元素进行尺寸、位置和功能的变化。本小节将围绕这些基本结构进行其变化的讲解。

一、衬衫类经典款式

表4.4.1 衬衫类款式与特征

外套类衬衫	内搭式衬衫	系结式衬衫	坦领式衬衫
底摆可以放在裙子或裤子外面的衬衫，里面可搭配背心或T恤	下摆可以塞进裤子或裙子的衬衫，有的内搭式衬衫做成连体型	立领衬衫，领子做成长条带状，可结成蝴蝶结状	娃娃领或海军领衬衫，翻领平服在衣身上的衬衫

牛仔类衬衫	复司衬衫	塔克褶（塔士多）衬衫	两用领衬衫
美国西部牛仔穿着的运动型长袖衬衫，有弧线形的育克、明线、金属钮扣或刺绣装饰	在衣身后片设有横向分割线，前后衣片衔接处没有肩缝	在衣身前片设置有细密的塔克线	第一粒钮扣可扣上穿也可敞开穿的领子

二、衬衫的应用与特征

表4.4.2各类风格衬衫的应用特征

类别	特征			
职业类	职业类衬衫分三种：内衣式、单穿式与外穿式。外穿式的松量较大，作为外套款式的一种。单穿式与内衣式根据场合的不同，可以在松量的加放上改变廓形	内衣式	单穿式	外穿式
休闲类	休闲类衬衫通常采用较为宽松的造型。领型采用如娃娃领、飘带领等；袖型大多采用一片式的宽松袖型；常用细褶、碎褶、花边、抽带等装饰。此类衬衫表现出休闲、恬静、舒适的感觉	田园类	宫廷类	牛仔类

礼仪类	礼仪类衬衣通常采用较为合体的造型,大多为翻领设计,较合身的袖型。较少有装饰或采用较为简洁的装饰手法,如简单分割、少量打褶等。此类衬衫表现出简洁、干练的感觉	企领类 双翼领类
功能类	功能类衬衫通常采用较为合体的造型，翻领设计，有一定松量的袖型，在袖口处常有收口设计。采用贴袋、扣袢、缉线、功能扣等装饰设计。此类衬衫表现出运动、功能性的感觉	运动类 户外类

三、 衬衫的基本结构

衬衫的基本结构是建立在原型样板的基础之上。立翻领、翻门襟设计，袖子为一片式宽松袖结构，配有开衩与袖克夫。衣身分为合身型与宽松性型两种。也可变化为省道、分割线、折裥等多种造型。

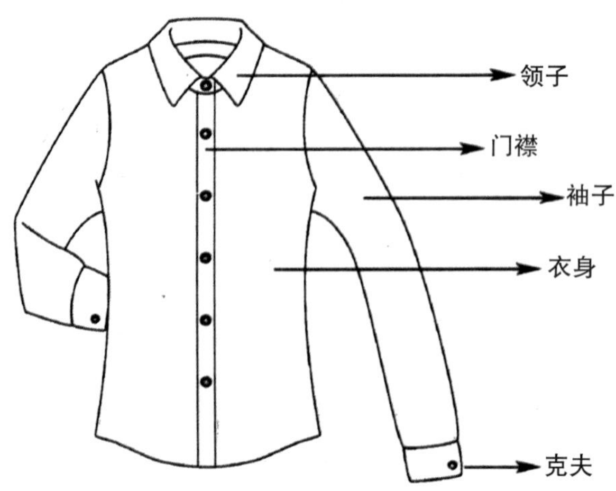

图4.4.1 衬衫衣身的基本结构

四、衬衫的廓形变化

衬衫的基本廓形与人体各个关键支点部位有关。衬衫的衣身设计是整体廓形变化的主题。根据人体结构进行不同程度的放量，形成不同的基本造型廓形。由此，可将衬衫廓形分为合体式、H型、A型、V型四种类型，结合与之相配的领子、袖子和门襟设计，可变化出多种衬衣样式。

表4.4.3 衬衫的廓形变化

合体式 衬衫衣身各部位（胸部、腰部、下摆等各处）与人体较贴合，能产生较合体的廓形特征。通常在胸腰部以收省方式使之合体		**V型** 衬衫衣身腰部束紧，肩部加宽。通过在腰部收紧胸省量形成上宽下窄的倒T形廓形特征。为了营造V形廓形特点，可以采用加宽肩部的垫肩辅助或通过缠绕强化腰部线条等方式加强V型的对比关系	
H型 衬衫衣身各部位（胸部、腰部、下摆等各处）与人体间有较大松量，不收腰省，整体外观呈矩形廓形特征。通常以胸省和肩胛骨省道解决衬衫的平衡问题		**X 型** 衬衫衣身肩部、腰部与下摆形成X形的对比关系。为了更好地体现细腰的效果，通常可采用断腰节的处理方法，通过收省的方法，解决胸、腰、臀的差量。也可在下装中对接宽摆裙等结构，塑造X形廓形的视觉感	
A型 衬衫衣身胸部以上与人体贴合，胸部之下呈宽松状态。通过胸省量的下放产生上窄下宽的廓形特征。为了营造A型廓形特点，可以采用分割加量的手段加强胸围线上下尺寸的对比关系			

五、衬衫的领型变化

衬衫领是衬衫的标志性设计。在衬衫的构成中，廓形可以进行多样性的变化，而衬衫领型却有其独特的应用特征，比如通常带有领座与翻领的衬衫领只应用于衬衫设计中而不应用于其他服装款式。根据衬衫结构的不同，衬衫领可分为只有领座的立领结构、只有领面的坦领结构、领座与领面一体的翻领结构、领座与领面断开的立翻领结构四种。

立领是指领子环绕脖子的领型。它具有端庄、严谨的特征。由立领而延伸出的变化形式是丰富多样的，主要可归纳为：翻卷立领、蝴蝶结领、飘带领等。立领的基本型要求领子抱脖、符合颈部形状，所以要根据脖颈上小下大的近似圆台形特点进行处理。根据颈根围的不同长度，把立领外口线均匀缩短，缩小量主要集中在前领部分，原因是颈后部向前倾的角度和颈根的坡度略近垂直。在领角线不变的情况下，领外口线缩短，领角弯曲上翘，这就是立领起翘的原理。

表4.4.4 立领基本结构与款式变化

立领结构原理图	立领变化款式
后领中线 领外口线 领嘴 后领高 领脚线 领起翘 $\frac{1}{2}$领围	加长了立领的长度，通过飘带设计增加了立领的设计感。要注意的是打结位置应在基础领圈线向内3厘米左右，留出打结量。

坦领是指领座小于1厘米、领面平摊在肩背部的领型。它是衬衫中的常用领型。

表4.4.5 坦领基础结构与款式变化

坦领结构原理图	坦领变化款式

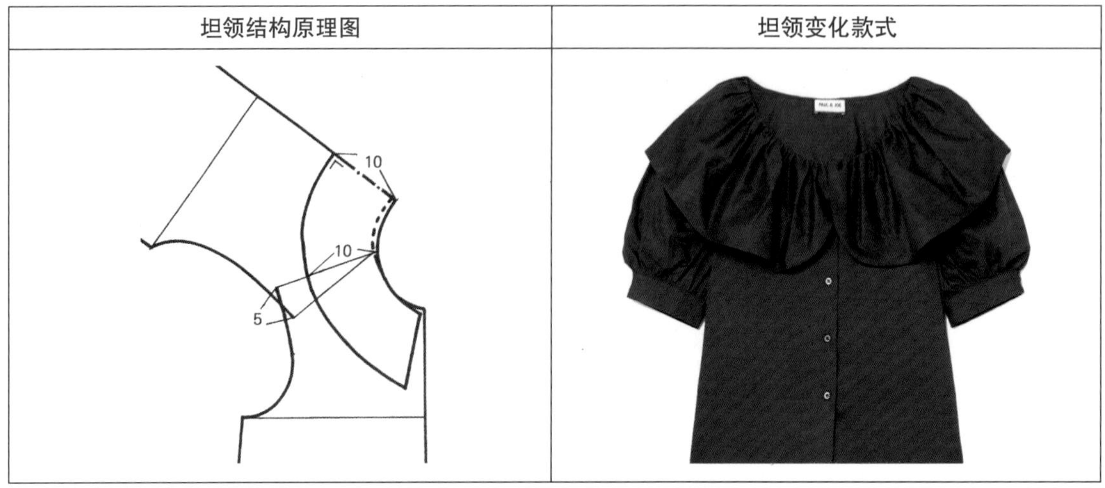

立翻领结构是典型的衬衫领结构，它是由立领作为底领，翻领作为领面组合而成的领子。该类领型的结构与人体的脖颈结构相符合，其特点是底领的领底线上翘，领面翻贴在底领上，这就要求领面和底领的结构恰好相反，即底领上翘而领面下弯，领面的领外口线大于底领的领底线而翻贴在底领的领型。

表4.4.6 立翻领基础结构与款式变化

立翻领结构原理图	立翻领变化款式
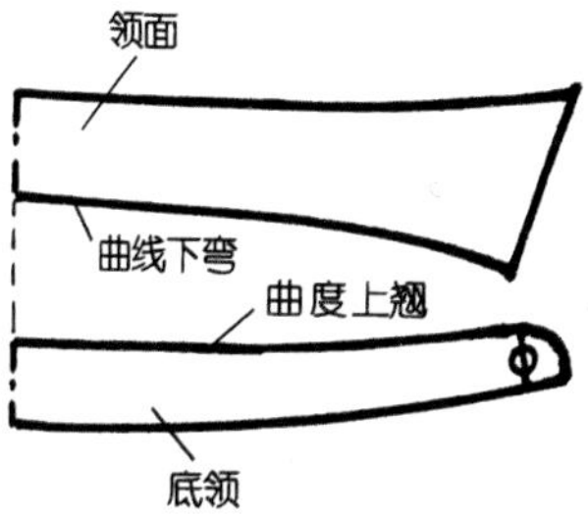 领面 曲线下弯 曲度上翘 底领	

五、衬衫的袖型变化

袖子是衬衫的基本结构部分，衬衫样式的变化包括袖子的变化设计。因此，袖子设计是衬衫设计的重要组成部分。袖子的基本结构包括袖窿、袖山、袖肥和袖口，袖子的变化设计就是对这些基本结构进行变化设计的。

1）绱袖的设计变化。袖窿是连接袖子和衣身的部位，可以有不同位置、不同袖窿线的变化。根据不同的袖窿线特点，一般可分为装袖、落肩袖和插肩袖。

2）袖山与袖肥的设计变化袖山是决定袖子能否贴合衣身的要素之一。袖山高是决定袖子宽窄、大小、贴合性的重要因素。袖山高低的变化就是袖子由合身到宽松的变化过程。袖肥的设计与袖山高的变化相辅相成，共同影响袖子的外观造型变化。袖山高变高，袖肥变窄；反之，袖肥变宽。

3）袖口的设计变化。袖口的造型与袖口的放松量及袖口的造型样式变化有关。

4）袖长的设计变化。根据袖子的长度变化，有无袖、短袖、中袖、中长袖和长袖之分。

表4.4.7 衬衫的袖型变化设计

绱袖方式	落肩袖 	连肩袖 

袖身变化	泡泡袖　喇叭袖
袖长变化	冒袖　短袖　七分袖

六、衬衫的门襟变化

衬衫门襟的设计变化关系到衬衫的闭合方式，且与领部的设计密切相关，不同的领型特征，需要不同的门襟设设计与之相配，使之产生整体和谐的效果。以下表格例举四种常见的门襟样式，并简单说明与其他位置的呼应关系。

表4.4.8 衬衫的门襟变化设计

男衬衫式门襟 分为里襟和门襟，门襟为外镶式，里襟为内折式		**镶嵌式门襟** 在门襟线上附有花边或波浪等装饰元素的门襟	
贴边式门襟 为女式衬衫的门襟款式，在门襟与里襟上留出挂面的宽度		**Polo式门襟** 半开合式门襟，为套头款式	

花式门襟 在基础门襟的款式上，改变止口形状。	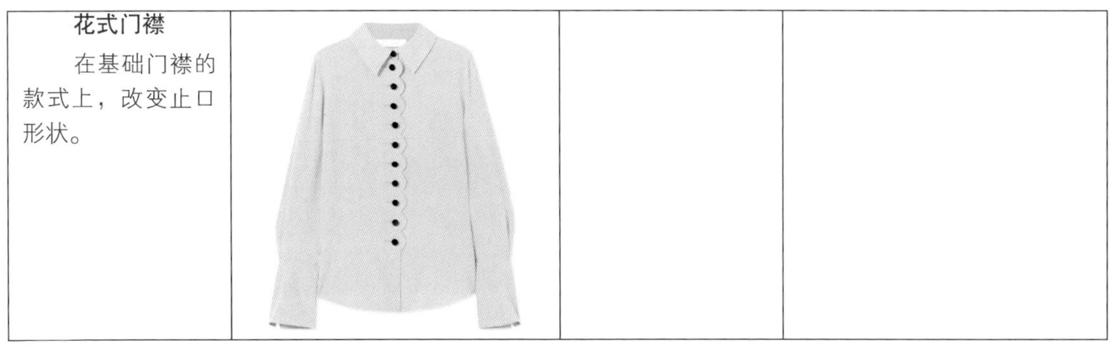		

七、衬衫的贴袋变化

衬衫的口袋以贴袋居多。利用胸部的育克、分割线等可以做出具有各种装饰效果的口袋。

表4.4.9 衬衫的口袋变化设计

无袋盖贴袋	褶裥贴袋 	明线贴袋 	
有袋盖贴袋	褶裥袋盖贴袋 	明线袋盖贴袋 	
假口袋	半圆形袋盖 	圆角形袋盖 	梯形袋盖 

第五节 成衣外套类

外套是指外穿类的服装，最初是以男性套装的形式出现，即20世纪末至19世纪中叶男性礼仪服装中的外套、马甲、衬衫和西裤。女性外套的出现比男性外套晚，由男子外套发展而来的女式西装外套沿袭了传统男士西服的设计特点，采用的面料和轮廓线条都比较经典。但随着现代人穿着观念的不断更新，西服外套的穿着方式与造型特征逐渐多样化，穿着场合从商务、职业场合扩展到各种都市、休闲场合，其选用的概念和应用范围也更为广阔。另一类成衣类外套为从事户外作业人员所穿着的夹克。夹克外套由于其户外运动型特点，根据季节特点要求布料具有相应的防水、防风、耐牢等实用性，在设计上常以填料绗缝、明辑线和诸如拉链、金属铸扣等做功能性细部处理。本小节将对外套的经典款式进行梳理，通过基本结构的分析，分解其结构变化的部位与设计手段。

一、外套类经典款式

表4.5.1 外套类款式与特征

常青藤风格	诺福克样式t	撒法力样式
美国东部地区的八所著名大学的校园服样式，其特点是单排三粒扣，直身廓形，缉明线贴袋	流行于欧洲的猎服，由英国诺福克公爵穿着而得名，其特点是在腰部系有一条与本料同质地的腰带	其款式配有肩章，从衬衫款式演变而来，为猎装的一种
夏奈尔样式	**赫本样式**	**宽肩样式**
一种无领外套样式，采用镶边、对襟、粗花呢等元素特征	立翻领式样外套，廓形呈A字，双排扣	宽肩细腰型的西装，多为枪驳头，为了突出肩部，由宽大的肩垫塑型，多为双排扣
战地夹克	**飞行员夹克**	**牛仔夹克**

美国军队二战时穿着的夹克款式，及腰长，单排扣	英国战斗机分形与暗在二战时穿着的毛毡外套	起源于美国西部工人的工作服

二、 外套的基本结构

外套的基本结构是建立在原型样板的基础之上。以西装款式为例（图4.5.1）在领深与领宽的结构中要注重穿着层次对颈部的影响，袖窿深也要考虑其穿着层次进行相应的下落。在原型中的平衡省道，肩胛骨省与胸省是外套的款式应用的重要造型量，公主线与刀背缝是外套类服装处理省道的经典结构技法，通常合体的外套采用四开身结构或三开身结构（图4.5.2）。

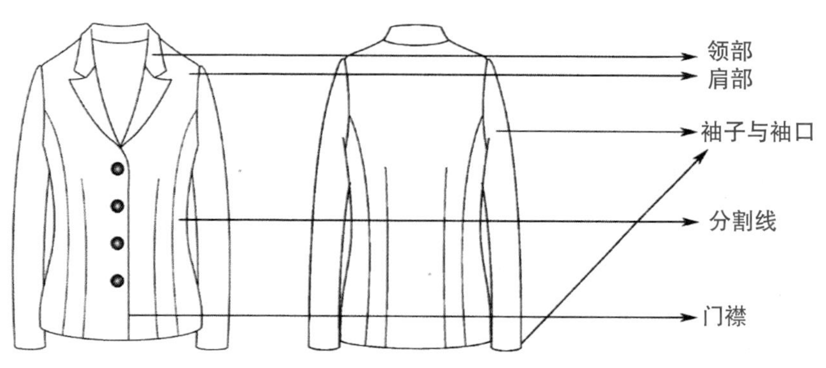

图4.5.1 外套的基本结构

图4.5.2 外套的变化结构

三、外套的廓形变化

外套的基本廓形与人体各个关键支点部位有关。外套的衣身设计是整体廓形变化的主题。根据人体结构进行不同程度的放量，可形成不同的基本造型廓形。外套廓形可分为X型、H型、A型、V型、O型五种类型，结合与之相配的领子、袖子和门襟设计，可变化出多样的外套样式（表4.5.2）。

表4.5.2 外套的廓形变化

类型	图例
X型 此类套装指肩部略向外扩张，腰部收紧、下摆张开，形成字母X形的外套。它具有性感的女性特征，肩部和腰部常作为设计的重点	  
H型 此类套装指肩部合体、胸腰部放松，下摆基本与肩同宽，形成字母H形的外套。它中性帅气，配搭的装饰设计适宜采用直式线条	  
A型 此类外套指从肩部、胸部、腰部至下摆顺势张开，形成字母A形的外套。它曾流行于20世纪60年代，太空式样的外套多为此类	  
V型 此类外套指强化肩部的宽度，通过垫肩或泡泡袖增大袖山高与袖肥，形成上宽下窄的V形结构，是较为男性化的外套廓形	  

O型 此类外套指肩部圆顺，胸腰臀部放松，在下摆收口处收紧，整体形成球形的外套。下摆的收口是此类外套的设计重点	

四、外套的领型变化

外套类领型分为翻驳领与连挂面敞领。翻驳领又分为平驳头与枪驳头。连挂面敞领分为青果领、丝瓜领、燕子领等。成衣类外套的领型变化是在这两种基本领型结构上进行尺寸与结构的变化延伸。

翻驳领是由翻领和驳领两部分组成的，翻领与衣片领口缝合，驳领由衣片的挂面翻出而形成。翻领和驳领连接的线称为串口线；翻领角和驳领角相交所形成的角称为领嘴；驳领在衣片止口的翻折点称为驳点；驳领从驳点开始到翻领处向外翻折是沿着一条固有的线进行的，这条线被称为翻折线。

翻驳领属于最常见且品种最为丰富的一类领型，其领子的宽窄、串口线的高低与平斜、领嘴的大小、驳点的高低等变化都会使其形成不同的外形（表4.5.3）。

表4.5.3 翻驳领基础结构与变化设计

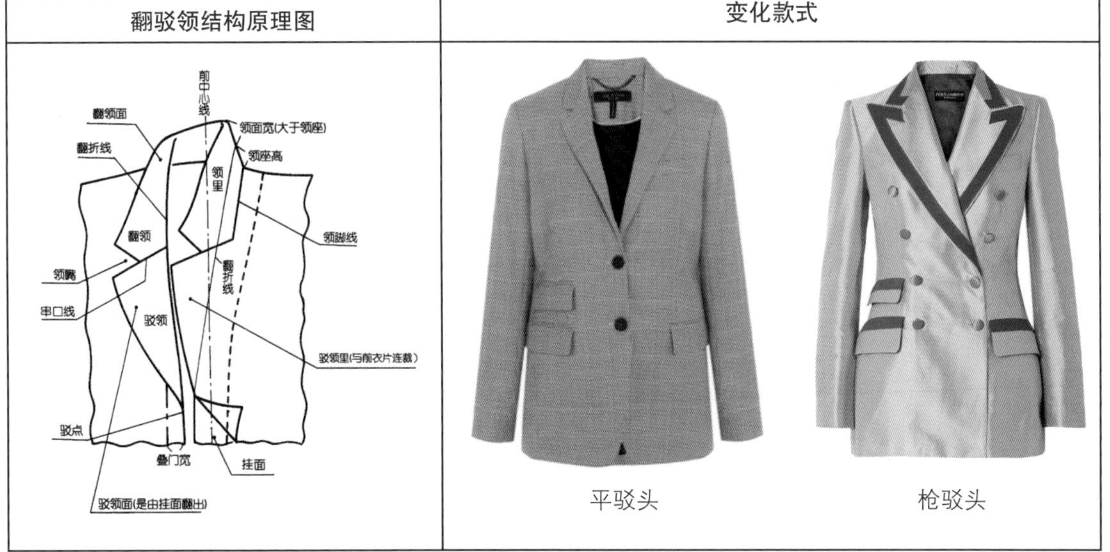

翻驳领结构原理图	变化款式	
	平驳头	枪驳头

连挂面敞领是指领面与挂面相连的领型，其特点是翻领领面与驳领领面间没有接缝线，领子与挂面连为一体，领里则与衣片分开，有接缝线。领里与衣片的接缝形状比较灵活，只要在不影响外观造型的情况下，领里直开领的深与浅以及领口形状的方圆平斜都可以进行造型变化（表4.5.4）。

表4.5.4 连挂面绱领的基础结构与变化设计

<table>
<tr><th>连挂面绱领结构原理图</th><th colspan="2">变化款式</th></tr>
<tr><td>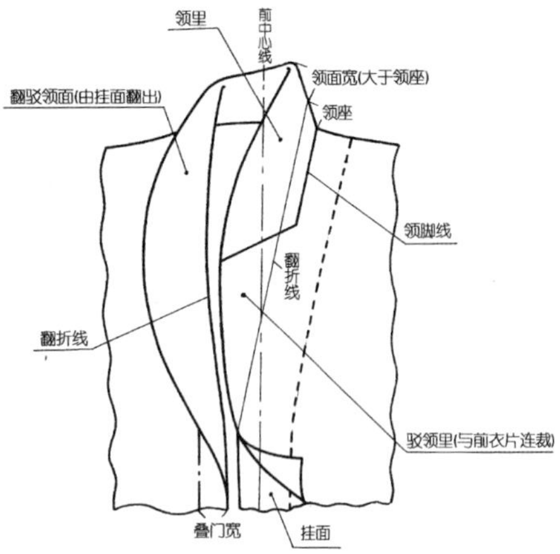
</td><td>
青果领</td><td>
燕子领</td></tr>
</table>

五、外套的袖型变化

外套袖分为圆装袖、连肩袖和插肩袖三种结构。

圆装袖是由两片袖构成。两片袖指袖子由大片、小片两部分组成的袖型。圆装袖可以最大程度地吻合人体手臂的形态，创造出符合人体手臂前势与弯势的袖型。在表现形式上分为合体型和宽松型两大类，常用于西装、套装中（表4.5.5）。

表4.5.5 圆装袖外套

<table>
<tr><td>圆装袖</td><td>
合体袖外套</td><td>
宽松型外套（落肩袖）</td></tr>
</table>

连肩袖是指衣身与袖子相连，是典型的东方式平面造型，为达到外形与活动量之间的和谐统一，其胸省与肩斜转移到腋下形成较多的堆积量，当穿在身上手臂下垂时腋下会出现较多的褶皱（表4.5.6）。

表4.5.6 连肩袖外套

连肩袖	

插肩袖是指衣身的一部分和袖子连成一个整体，通过袖子增加的形状在衣身上剪掉，结构中形成互补的关系，根据分割线的不同，形成不同的外观造型（表4.5.7）。

表4.5.7 插肩袖外套

插肩袖	

六、外套的部件变化

外套的部件包括腰部、口袋和门襟。进行外套变化设计时，要注意局部设计与整体设计的匹配关系。成衣类外套服装的部件设计的尺寸与位置要考虑到服装的功能性与穿着的便利性（表4.5.8）。

表4.5.8 外套的部件变化设计

腰部设计	低腰设计　高腰设计　腰带设计 

口袋设计	贴袋设计	双嵌线挖袋设计	侧缝插袋设计
门襟设计	对襟设计	单叠门设计	双叠门设计

第六节 成衣风衣类

风衣原本是军事服装的一种，既可以挡风遮雨，又可以防尘御寒，在秋冬季还能防水，后来演变成一种集功能与装饰为一体的男女共用的成衣类经典服装款式。在设计上通常为双排扣、附有防风插片，肩上附有肩章，腰间配有腰带，可系结，起到保暖作用。本小节将围绕这些基本结构进行其变化的讲解。

一、风衣类经典款式

表4.6.1 风衣类经典款式

战壕风衣		博百利风衣	
起源于1853年—1856年间克里米亚战争中英方司令拉古朗将军在战壕内作战的防水用大衣，然后随着英国博贝利公司设计流行于世界。设计特征为肩部有肩章，腰部系有腰带，左右带有大斜带，衣料通常采用防水加工		英国创始人Thomas Burberry发明了密斜纹布料，用这种面料做成了雨天的衣服，后演变为风衣	

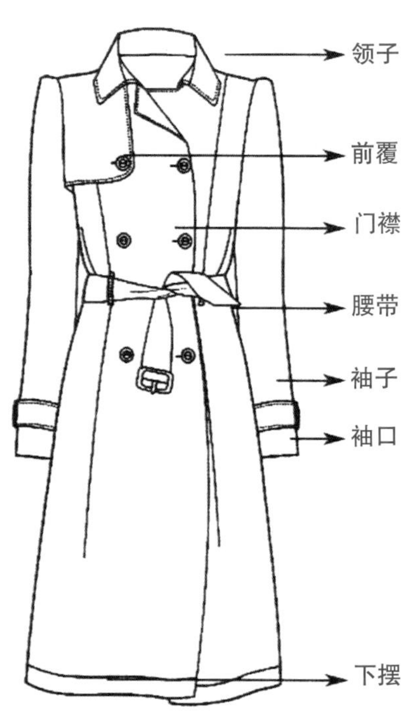

图4.6.1 风衣的基本结构

二、 风衣的基本结构

传统风衣的基本样式构造包含以下部件：双排扣门襟、领子、腰带、肩袢、袖袢、插肩袖，有肩章，在前胸和背上有遮盖布以防雨水渗透，下摆较大，便于活动。设有腰带与袖口抽带，用来防风（图4.6.1）。

三、 风衣的变化设计

成衣类风衣设计通常是在经典样式的基础上进行适当的改变，加入当今的流行元素，如材质、廓形和细节处理，糅合成具有时尚感的产品。因此，对风衣的样式的创意，基本是对历史上出现的一些经典风衣样式的经典要素展开相应的变化（表4.6.2）。

表4.6.2 风衣的变化设计

材质	PU	真丝	毛呢	雪纺
廓形	A形	O形	X形	H形
细节变化	可拆卸设计	拼色设计	不对称设计	褶裥设计

第七节　成衣大衣类

大衣指覆盖在礼服和套装外，穿着在最外面的衣物及户外着装的总称。大衣最早是由贵族穿着的服装，最初为男性的常服，后演变成为女性服装品类中的一种。大衣因廓形、面料、里料、用途和穿着人的职业不同而有各种名称，这些用途不同的大衣会用到各种不同的材料。本小节将对外套的经典款式进行梳理，通过基本结构的分析，分解其结构变化的部位与设计手段。

一、大衣类经典款式

表4.7.1　大衣类款式与特征

细腰大衣	达夫尔大衣	海军呢大衣
呈X廓形，下摆加大，呈喇叭形，衣身多用刀背缝分割线，流行于1920—1930年	达夫尔是比利时的一条小街，此地生产渔夫防寒用的厚重毛织物，二战时期常被用于英国海军的航海外套。前襟用牛角扣，连帽设计	双排扣短外套，有双镶线的纵向插兜。为船员的防寒服，麦尔登呢材质，多为海军蓝色
披肩大衣	柴斯特菲尔德大衣	围裹式大衣

起源于苏格兰Inverness港口的男性穿着的用苏格兰格子布制成的可覆盖到手腕长度的披肩式大衣	1840年因英国查斯特菲尔德伯爵穿着而得名，成为当时流行的优雅的礼服外套。此款大衣多为三开身、暗门襟，翻领常采用天鹅绒面料	围裹式大衣受东方直线式裁剪方式影响，宽松的廓形配以腰带系扎

二、各类大衣的基本款及变化设计

图4.7.2 各类大衣的基本款式与变化设计

细腰大衣	变化设计		

细腰大衣的基本款特征为单排扣、平驳头、收腰、两片袖。材料以毛呢为主。口袋采用大兜盖、斜插袋或贴袋设计	此款将平驳头的西装领变化为翻领设计，口袋采用贴袋设计。为了增强其醒目感，采用了红色缎带装饰，起到提亮作用	此款将领子变化为无领设计，门襟采用了搭合设计，衣身上的刀背缝设计起到了收腰塑型的效果	此款为了强化细腰的X廓形采用了断腰节的变化设计，口袋直接夹缝在腰节位置
达夫尔大衣	**变化设计**		
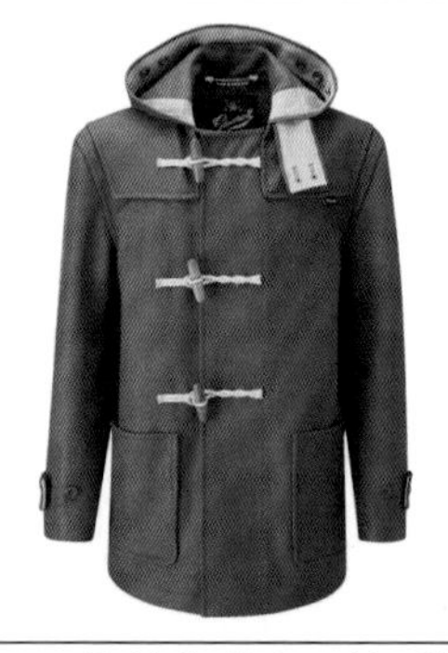			
此款为休闲型短款达夫尔大衣，通常用粗制羊毛织物制成。最初为北欧渔夫所常穿的一种以木扣和皮革固定的扣袢为特征的大衣样式，二战时期为英国海军所用，后成为年轻式休闲大衣而流行	此款达夫尔大衣改良了帽子设计，为翻领加帽子的设计，形成两用领结构。长度缩短至臀围线附近，使穿着更加便捷	此款的变化在于材质的拼接，通过不同材质的黑色面料运用打破了单一黑色的沉闷，长度上也进行了缩短的便捷设计	此款将传统的帽子去除，只保留翻领设计，对分割线也进行了相应的变化设计，接近于胸部的分割更好地处理了胸省

海军呢大衣	变化设计		

海军呢大衣大多采用双叠门、双排扣、立翻领设计，具有较好的防风性与保暖性	此款海军呢大衣变化了领型与门襟设计，斜襟的改良设计同样起到保暖、防风的作用。领子采用了翻领设计，与斜向门襟相匹配	本款仍旧延续了海军呢面料的应用，色彩上采用了拼色处理，门襟与分割线形成了兼具装饰性和功能性的设计，插肩袖结构的袖子与门襟相匹配	此款为了塑造X廓形，采用了断腰节的分体设计，通过公主线设计塑造出合身廓形，依旧保留了双排扣的经典设计

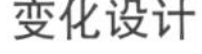

披肩大衣	变化设计	
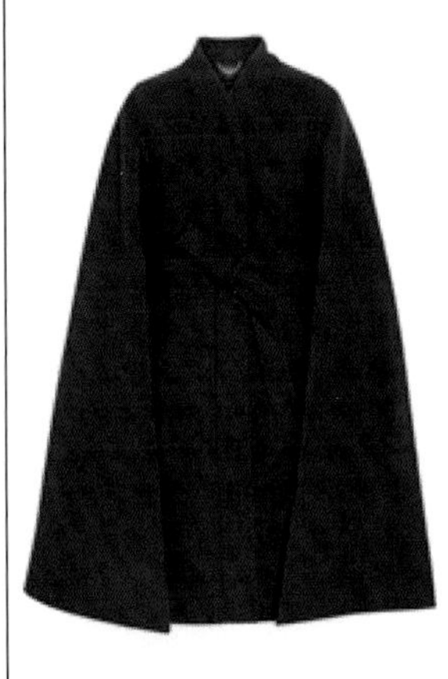		
披肩大衣指装有披肩的防寒大衣。它以苏格兰西北部海港城市茵巴奈斯而命名。典型的如福尔摩斯所穿的大衣样式。披肩也可以设计成脱卸式结构，也有的披肩大衣是无袖的	本款披肩大衣采用了斜肩设计，通过整片的围合设计，将合体设计转化为宽松设计。此类大衣多为一片式样式	本款采用了披肩领设计，衣领部分与衣身相贴合在领圈位置并叠加帽子设计，形成批挂型的披肩领大衣

柴斯特菲尔德大衣	变化设计		

基本特征为单排暗扣、戗驳领，翻领部分用黑色天鹅绒材料。外套颜色以深色为主。左胸有手巾带，前身有左右对称的两个加袋盖的口袋。整体结构合体，衣长至膝盖以下，袖衩上设三粒钮扣。常和塔士多礼服、黑色套装组合使用。现在基本形成柴斯特外套的猎装化形式。有普通的暗门襟八字领、双排六粒扣戗驳领和大翻领等	对衣身主体进行改良设计，左右两边形成不对称设计。右边延续了传统的戗驳头，左边采用了青果领，从肩缝处插入了长方形的披挂裁片，增强了大衣整体的时尚度	上身保留了经典款式的领型、袖型与衣身廓形，双叠门的扣位没有采用明扣的处理而是采用了暗扣，口袋上也进行了相应的变形处理	通过腰封的叠加设计提亮了整体单色设计的枯燥，同时起到了收紧腰部的作用
围裹大衣	**变化设计**		

围裹式大衣指舒适宽松的大衣廓形，配以腰带系扎。围裹式大衣受东方直线式裁剪方式影响，在样式表现上不同于西方窄衣文化为主的大衣样式，表现出自由轻松的着装状态	面料上采用了针织织物，使整体的围裹效果更佳贴合人体	在袖子结构上进行了相应的变形处理，通过褶裥的加入增添了围裹式大衣的女性特征	变化系结的传统处理，将绳带固定在里襟位置。同时，披肩领的叠加增强了服装整体的时尚度

三、大衣的廓形变化

大衣的基本廓形分为A型、H型、O型、X型、V型五大基本类型。与外套类服装不同的是，大衣由于穿着层次和面料厚度的需要，在松量的设计上是所有服装款式中最大的，同时其塑型能力也是最强的，是最能优化人体体型的成衣类服装类别。成衣类大衣款式演变通常是经典款式的改良，因而在整体廓形中与部件构成中，通常延续经典的工艺技法与造型特征（表4.7.3）。

表4.7.3大衣的廓形变化

X型 指肩部略向外扩张，腰部收紧，下摆张开，形成X字母形的大衣。X型大衣内收的腰部常作为设计的重点和整体服装的视觉中心，与略张开的下摆和向外的肩部设计，共同构成了具有女性化倾向的大衣廓形	 
H型 指肩部合体、胸腰部放松、下摆基本与肩同宽，形成H字形的大衣。H型大衣廓形线条直而不贴身，能适当地掩盖身体缺陷。领部、衣身是此类大衣的设计重点部位。此类大衣的衣身上常采用直线条的分割和附加装饰	  

A型 指从肩部、胸部、腰部至下摆顺势向外扩张，形成字母A造型的大衣样式。A型大衣具有活泼、年轻感。在肩部、前胸等部位运用打褶、分割等手段进行展开设计可以形成A造型，因此肩部和前胸也是此类大衣的设计重点部位	
V型 指肩部较为宽阔，下摆向内收形成字母V造型的大衣样式。V型大衣因呈上宽下窄的倒三角型，因此是较为男性化的大衣廓形。V型大衣线条较为简洁，大多采用斜插袋设计	
O型 指肩部圆顺，胸腰臀部放松，在下摆收口处收紧，整体形成O字形的大衣。O型大衣一般在肩、腰、下摆等处采用无明显的棱角设计，可采用插肩袖设计，也可将插肩袖的结合部位作为设计的重点	

第八节 成衣棉、羽绒服类

棉衣和羽绒服是冬季成衣产品的主要种类，其功能以保暖性为主，通过填充物（棉、动物绒毛）的夹层设计，达到产品的功能需求。当代棉服和羽绒服的设计中融合了外套与大衣的基础廓形，如西装式羽绒服、衬衫式羽绒服、大衣式羽绒服，结构延续了外套与大衣的经典结构与工艺。在服装应用分类中，把棉衣与羽绒服更是细化到生活中的各个场景，形成户外运动类、工装类、时尚类。

一、棉、羽绒服类与其他成衣种类款式的组合设计

表4.8.1 棉、羽绒服类与其他成衣种类款式的组合设计

衬衫类棉服	衬衫样式棉衣是采用了衬衫领、衬衫袖或衬衫衣身等主体结构进行变化的棉服款式。为了塑造衬衫简洁的廓形，此类棉衣的衣身大多采用绗缝工艺及宽松廓形		
西装类棉服	西装类棉衣是借鉴了西装领、西装主体廓形与西装口袋等西装类标志性设计进行变化的棉服款式。此类棉服大多采用针织与梭织拼接工艺，增强了时尚感		
大衣类棉服	大衣样式棉衣是在大衣样式的基础上用棉质填充材料制作的款式。此类棉衣的衣身不宜采用过多的分割和附加装饰，整体感觉简洁大方		

连衣裙类棉服	连衣裙类棉服是常用的冬季棉服款式，由于其长度大致在膝围线上，因此具有较好的保暖性。连衣裙类棉服大多采用X型廓形，收腰设计，因次上装结构多采用合体塑身型，下半身采用展开的A型廓形，与收腰结构形成鲜明的对比	

二、 棉衣、羽绒服类的应用与变化设计

表4.8.2 棉、羽绒服类的应用与变化设计

旅行样式棉服	把迎合旅行需求的设计要素运用于棉衣的样式。这类棉衣的衣身一般有分割设计、口袋设计、拉链设计等细节要素，以符合旅行要求	
军服样式棉服	把将军装的特征设计要素运用于棉衣的样式。此类棉衣的衣身一般有分割设计、拉链设计、较厚的肩部设计、连帽设计等细节要素，以符合军装感的特征要求	

工装样式棉服	工装样式棉服是将功能性的设计要素运用于棉衣的样式。此类棉衣的衣身一般有多层分割设计、多个挖袋和贴袋设计、拉链设计、扣袢设计等细节要素，以符合功能性的特征要求	 
运动型棉服	运动型棉服特点是轻薄、防寒，能够满足运动的具体需求。在设计中会根据运动项目的不同而进行相应的色彩与功能设计	 
时尚型棉服	时尚型羽绒服的设计方法与手段相比较其他样式的更趋于多样性。各种运用于时尚女装的设计方法和手段皆可运用于此类羽绒服设计中	 

成衣设计是围绕不同单品类别的款式展开设计。每个品牌、每个类型的服装都有适合的消费群体，每个消费者对每季产品都会选择适合自己的单品。由于针对的消费者类型不同、消费层次不同，对每个单品的设计需求会产生很大的区别。创意成衣设计仍旧需立足于成衣的基础属性与要求，需明确其所服务的群体属性下的单品需求，包括与该单品相关的面料、工艺、板型、后整理的选择，以及如何在过程中对设计进行把握和控制。

Chapter 5

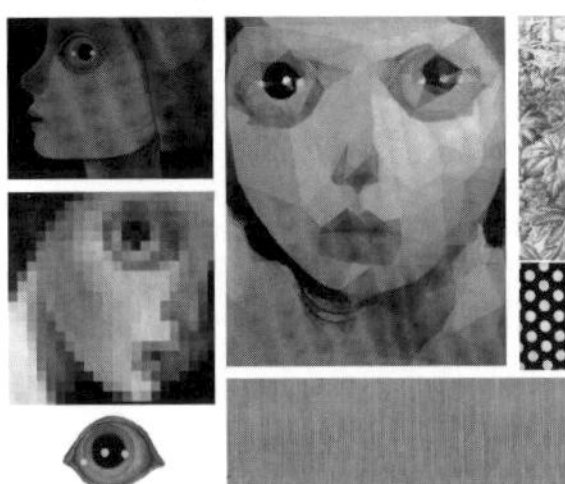

第五章 创意成衣专项设计

- 本章讲解的创意成衣专项设计是将构成服装主体的结构设计、色彩与图案设计、工艺设计作为切入点展开系列设计的专项训练。

创意成衣专项设计是将构成服装主体的结构设计、色彩与图案设计、工艺设计作为切入点来展开系列设计的专项训练。创意成衣结构设计是以廓形与结构的创新为设计点展开系列设计；创意成衣色彩与图案设计是以突出的色彩搭配与图案设计为其创意点的系列设计；创意成衣工艺设计是在工艺手法上具有创新理念的成衣设计系列。其中，任何一种创意设计都需要完成以成衣设计衡量标准的系列产品设计，

系列产品是不同于单款设计的组合性的产品构成，所选择的创意切入点将贯穿整个系列的服装中，使整个系列具有整体性、变化性和可搭配性的特点，并且系列中的单品之间存在可变化与可搭配。同时，创意成衣的专项设计需要完成从概念企划、廓形结构设计、面辅料运用、工艺技术参数设定、产品成本控制等相关成衣设计流程，以确保创意成衣设计概念推广的可能性。

第一节 以结构为切入点的创意成衣专项设计

一、设计理念

本设计的概念是将成衣结构中的各部分拆解，将包括衬衫、西装、腰裙等成衣类别进行结构的打破与重组。对每个成衣的构成部件分别进行独立思考，运用设计元素进行重新设计与拼合，通过重组再创造手法来塑造出一个新的款式造型。它跳出了传统的服装结构中一成不变的形式，使结构得到了更深层次的探索与研究。袖子、领子、口袋、甚至穿着方式都被颠覆，打破了固有的模式进行改造。它是把服装常规的款式结构以及穿着方式拆解重构组合出带有创意的打破人们思维定式的服装造型。

图5.1.1 设计理念

二、 系列效果图

系列效果图采用了不对称结构技法，在视觉上打破常规，给人产生一定的冲突矛盾感。将成衣经典款式的某个局部进行变化，强调局部的突变，使整件衣服带有解构

色彩。呈现出一种不完整的视觉效果，为穿着提供更加多元化的组合方式，从结构中优化与整合各类成衣的优势。

图5.1.2 系列效果图

三、 系列款式图

图5.1.3 款式图（1）

图5.1.4 款式图（2）

图5.1.5 款式图（3）

图5.1.6 款式图（4）

三、结构图

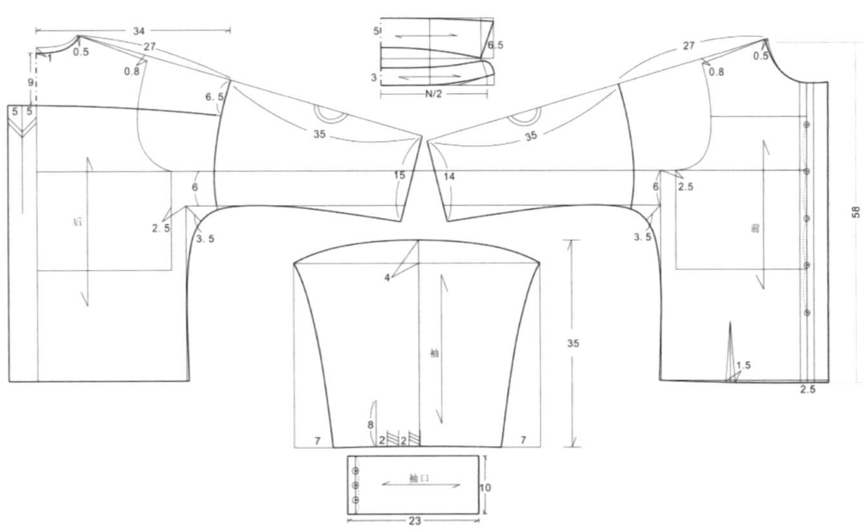

规格 160\84A	衣长	袖长	胸围
单位： cm	64	62	100

图5.1.7 衬衫结构图

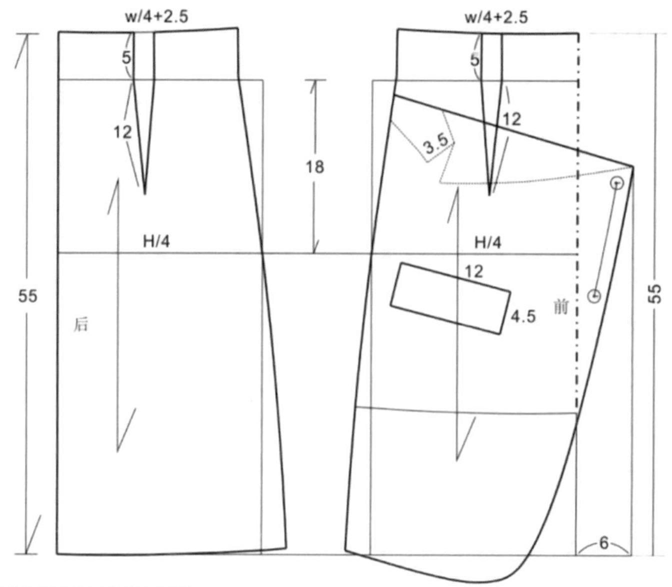

规格 160\84A	裙长	腰围	臀围
单位：cm	50	64	100

图5.1.8 短裙结构图

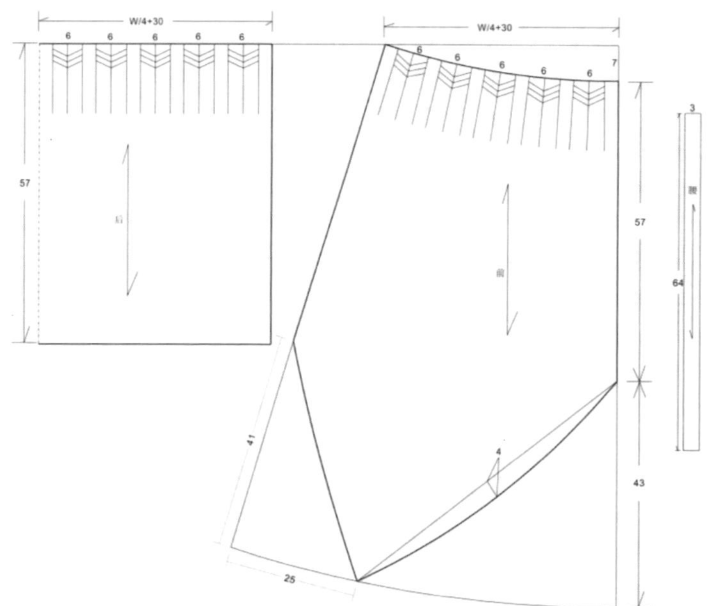

规格 160\84A	裙长	腰围	臀围
单位：cm	60-100	64	90

图5.1.9 波浪裙结构图

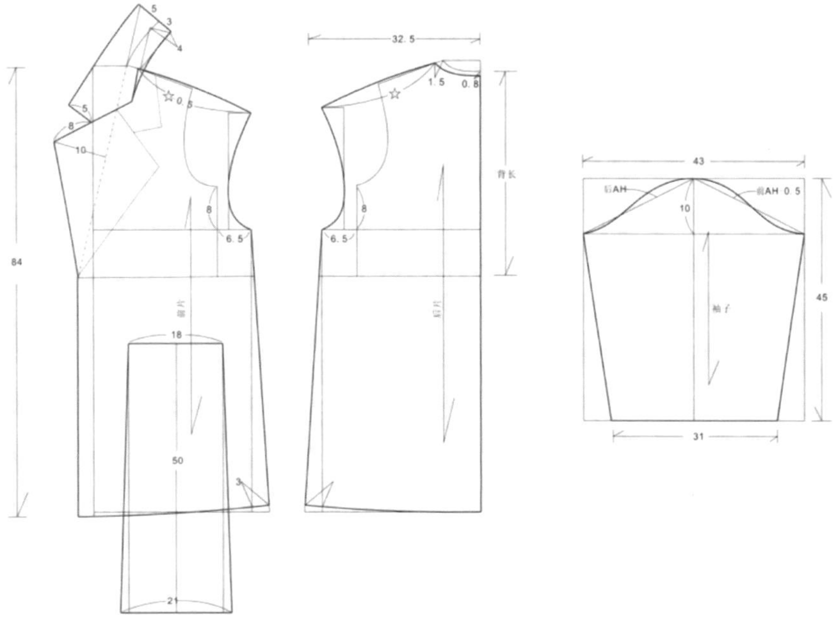

规格 160\84A	衣长	袖长	胸围
单位：cm	84	45	120

图5.1.10　外套结构图

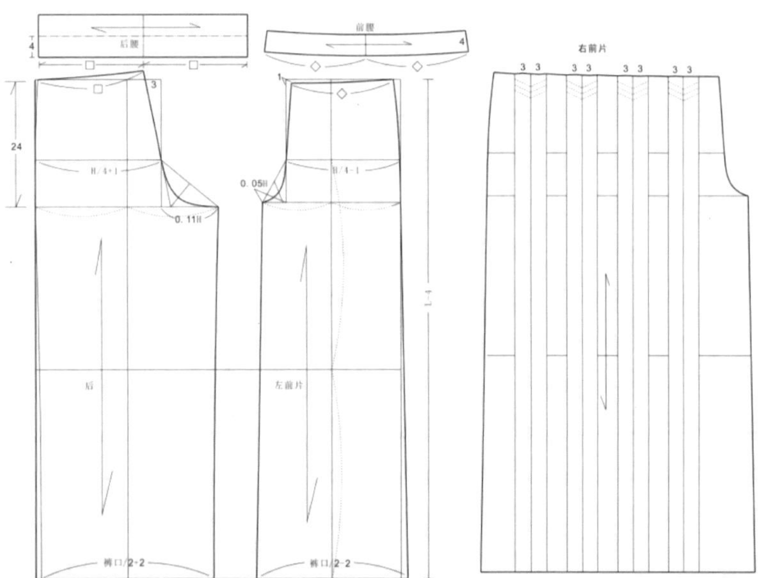

规格 160\84A	裤长	腰围	臀围
单位：cm	100	64	90

图5.1.11　阔腿裤结构图

五、 放缝图

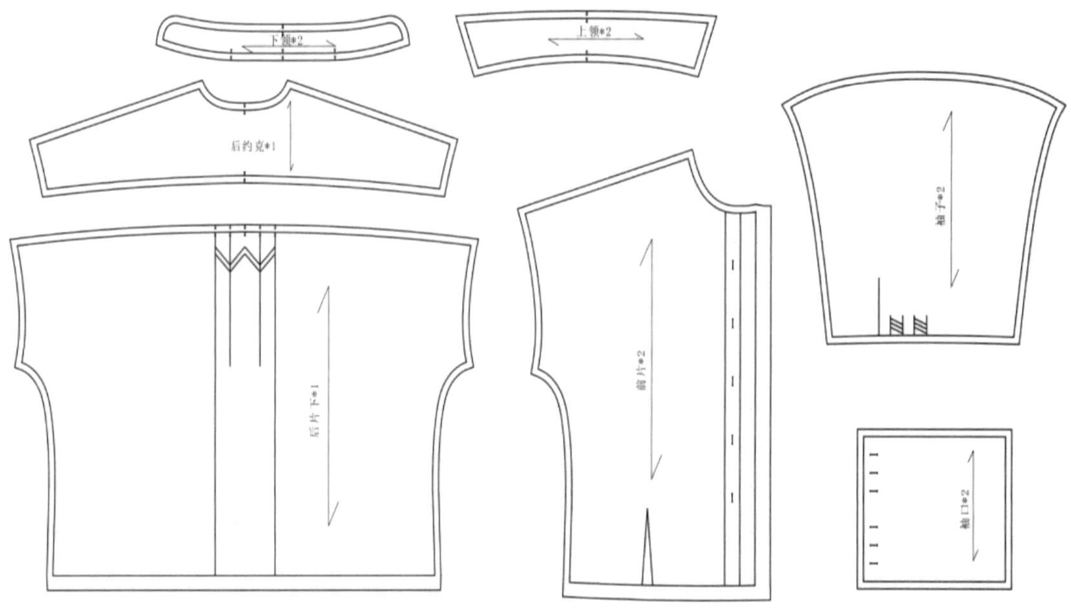

图5.1.12 衬衫放缝图

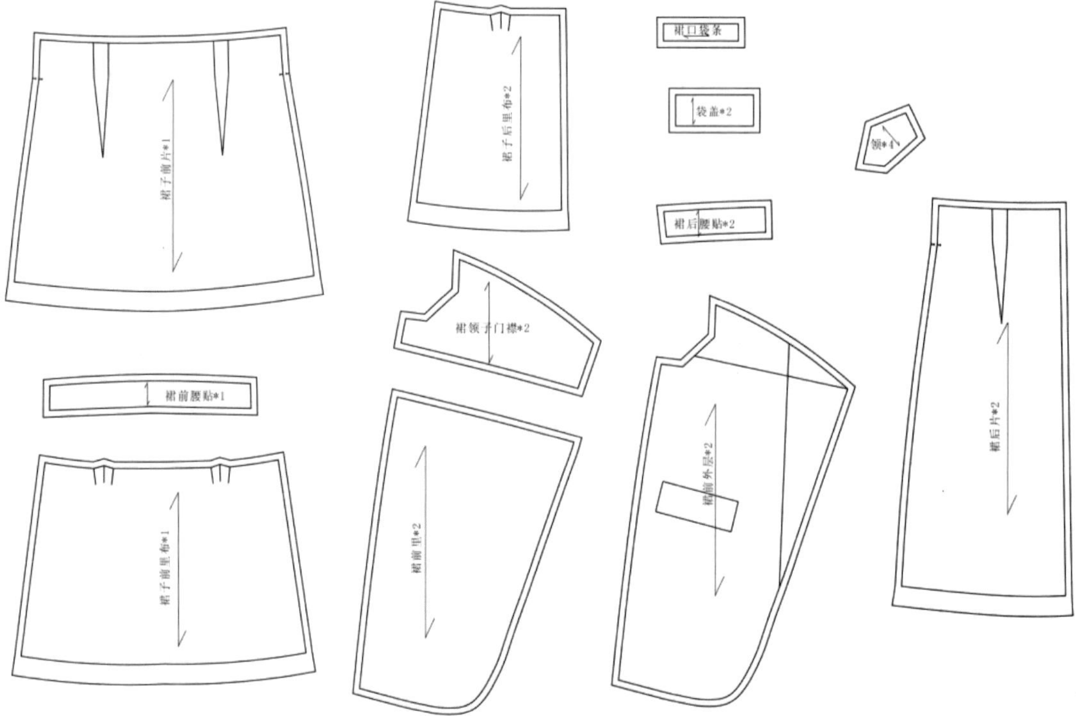

图5.1.13 短裙放缝图

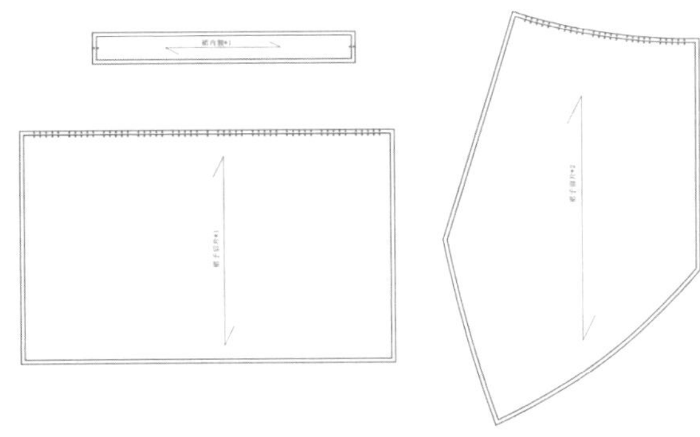

图5.1.14 波浪裙放缝图

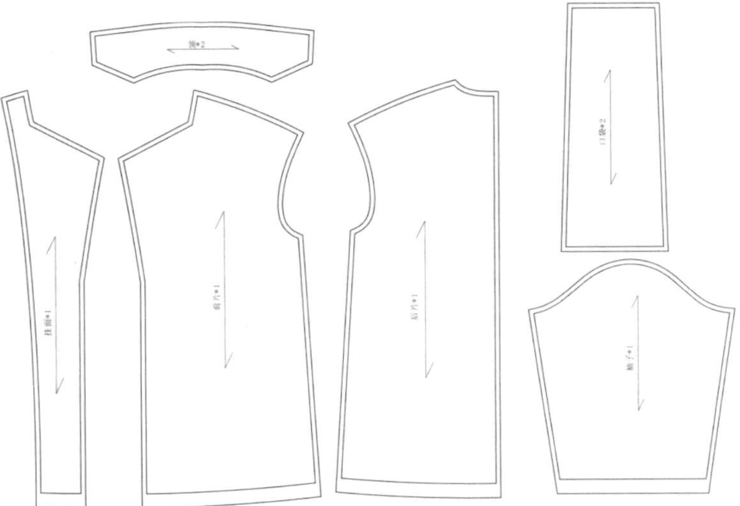

图5.1.15 外套放缝图

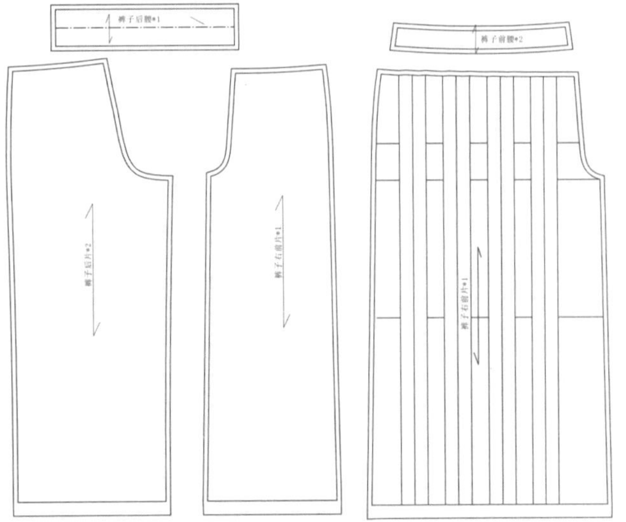

图5.1.16 阔腿裤放缝图

六、推档图

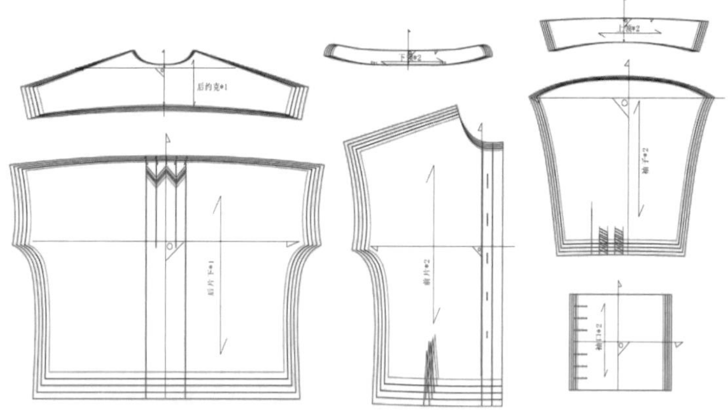

系列样板规格设计			单位：cm
号型	衣长	胸围	肩宽
155/80A（S）	64	90	42
160/84A（M）	65	94	43
165/88A（L）	66	98	44
170/92A（XL）	67	102	45
175/96A（XXL）	68	104	46

图5.1.17 衬衫推挡图

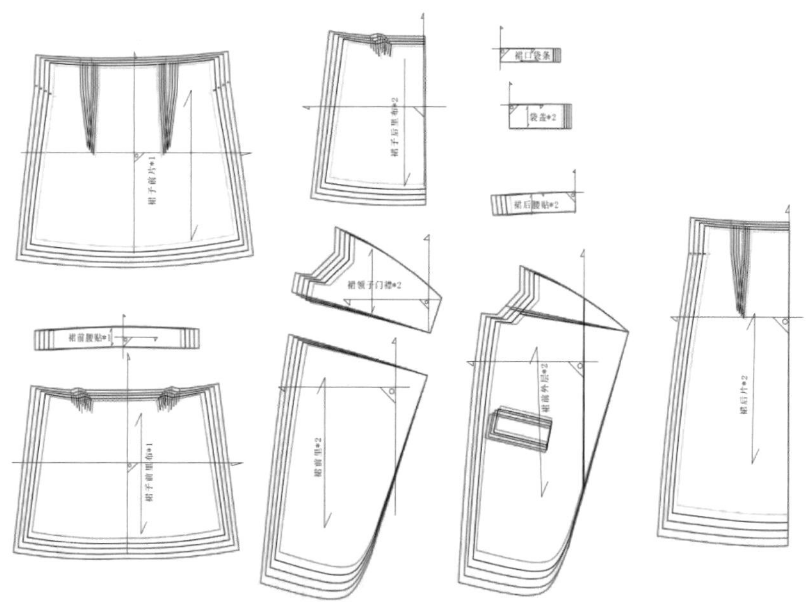

系列样板规格设计			单位：cm
号型	裙长	腰围	臀围
155/84A（S）	50	64	100
160/84A（M）	51	66	104
165/88A（L）	52	68	108
170/92A（XL）	53	70	112
175/96A（XXL）	54	72	116

图5.1.18 短裙推挡图

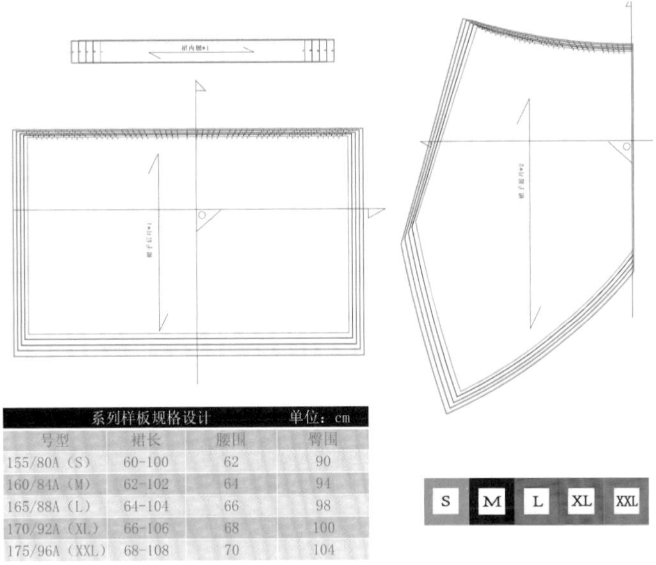

系列样板规格设计			单位：cm
号型	裙长	腰围	臀围
155/80A（S）	60-100	62	90
160/84A（M）	62-102	64	94
165/88A（L）	64-104	66	98
170/92A（XL）	66-106	68	100
175/96A（XXL）	68-108	70	104

S　M　L　XL　XXL

图5.1.19 波浪裙推挡图

七 、排料图

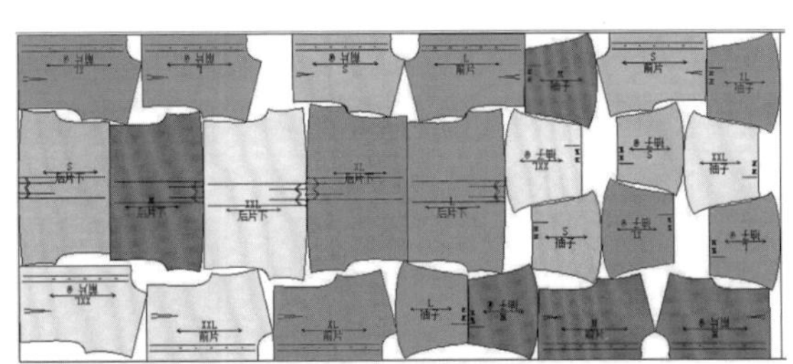

排料相关细节			单位：cm		
幅宽	总长	尺码	裁片数	件数	利用率
150	408	S/M/L/XL/XXL	25	5	85.34%

S　M　L　XL　XXL

图5.1.25 衬衫排料图

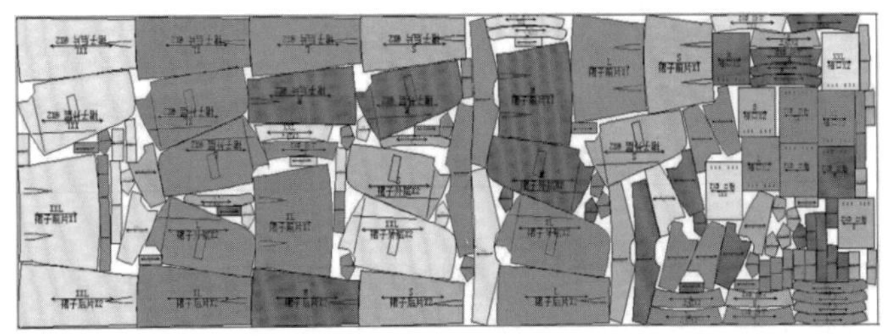

排料相关细节			单位：cm		
幅宽	总长	尺码	裁片数	件数	利用率
150	499	S/M/L/XL/XXL	125	5	88.49%

S　M　L　XL　XXL

图5.1.20 短裙排料图

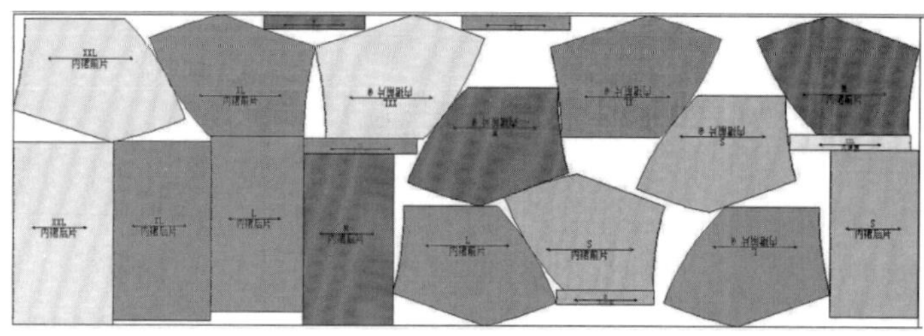

排料相关细节			单位：cm		
幅宽	总长	尺码	裁片数	件数	利用率
150	585	S/M/L/XL/XXL	20	5	83.55%

图5.1.21 波浪裙排料图

八、 创意成衣成品图

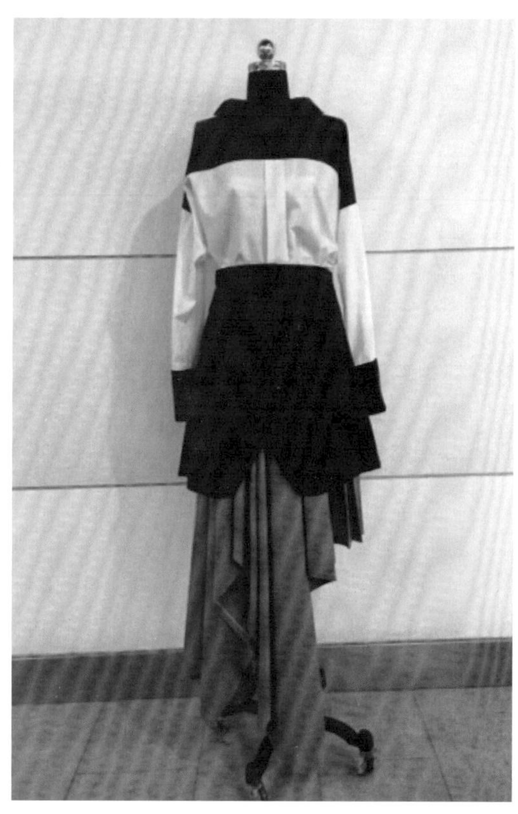

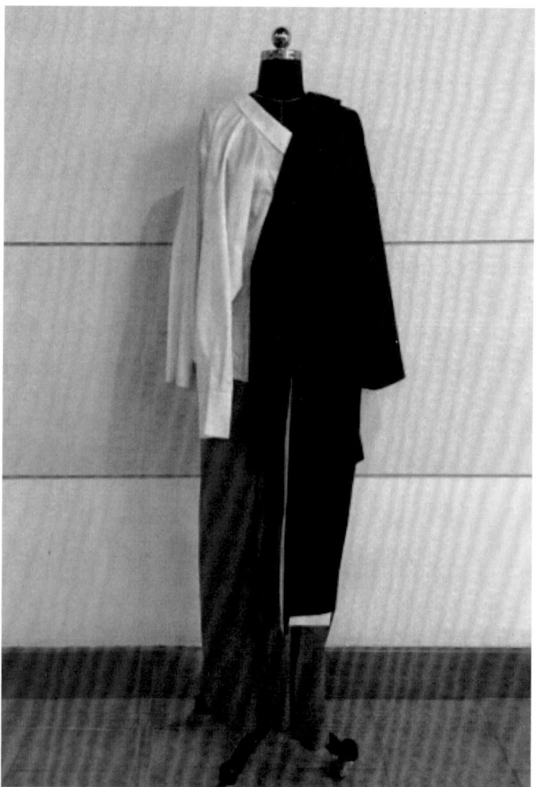

图5.1.22 成品展示

图5.1.23 成衣模特展示图

第二节 以图案 、色彩为切入点的创意成衣专项设计

一、设计理念

以插画师Tania Marmolejo的一组作品为灵感 ，通过不合比例的五官窥探的视线表现出天真无辜又充满戏谑的人物形象。本设计采用了数码印花，图案色彩对比鲜明，服装的主体色从印花图案中提取，以紫、粉色为基调，拓展相关系列色作为搭配色与点缀色。以图案为主体的成衣设计是当代成衣中的一个重要类别，所选图案独特的文化意义锁定其相应的消费群。

图5.2.1 设计理念

二、系列效果图

系列效果图以Tania Marmolejo的插画人物为主要的设计原型，通过夸张的荷叶边与打褶设计突出插画中女童的性别特点，通过高纯度色块的不对称拼接与人物本身的夸张比例相呼应。H型廓形的选择收敛了整个夸张的系列，增强了其成衣的实穿性。

图5.2.2 系列效果图

三、系列款式图

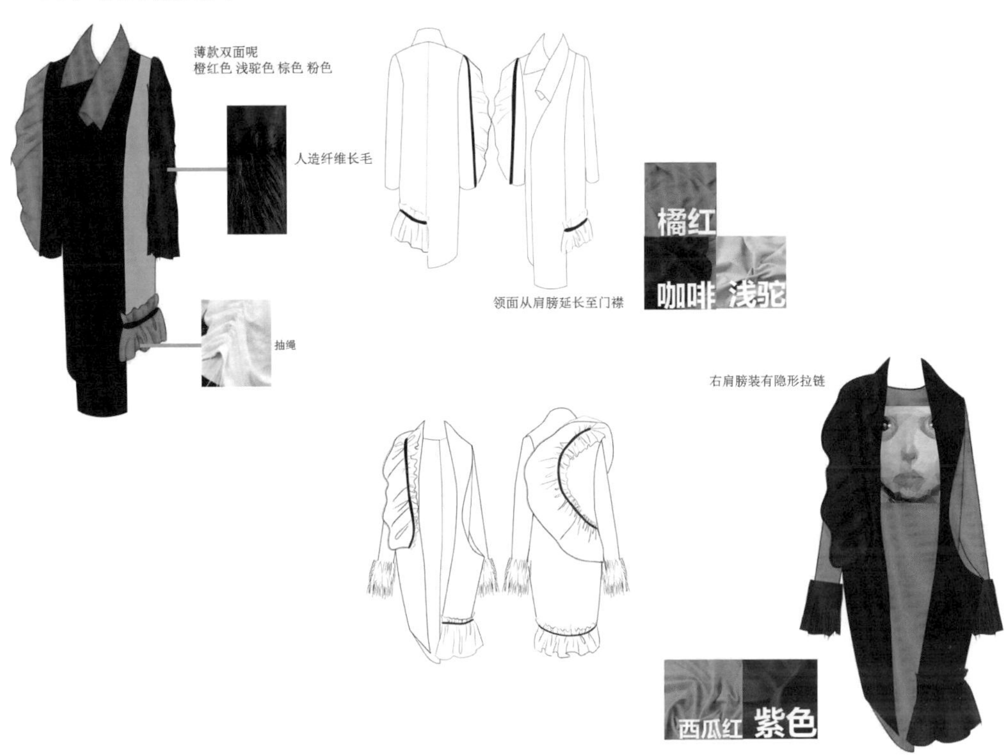

图5.2.3 款式图（1）

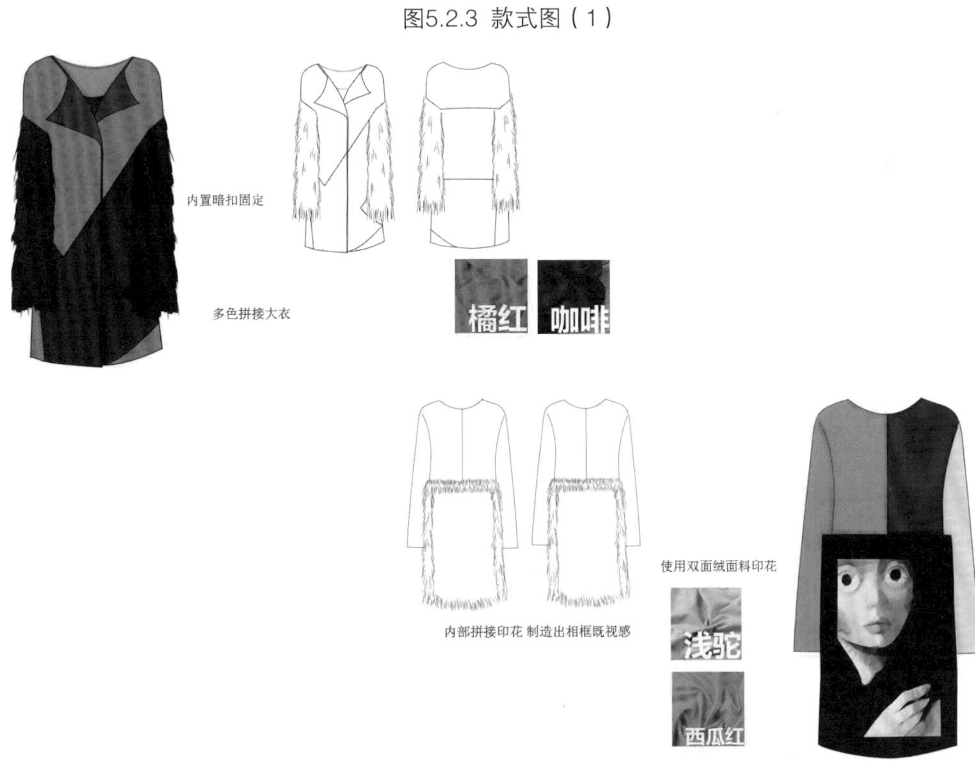

图5.2.4 款式图（2）

四、结构图

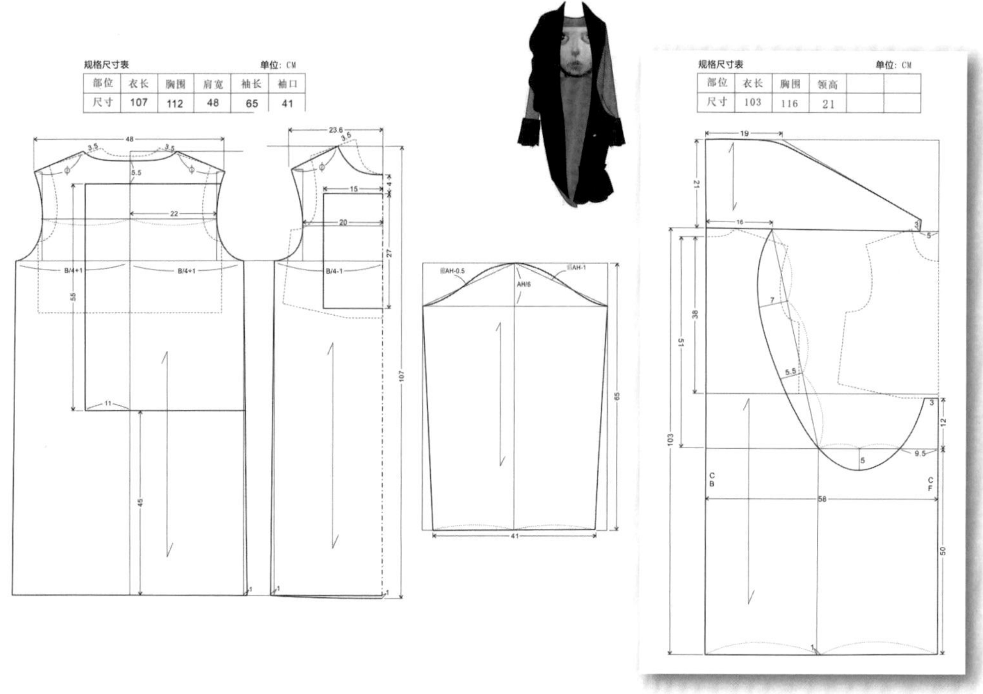

规格尺寸表 单位：CM

部位	衣长	胸围	肩宽	袖长	袖口
尺寸	107	112	48	65	41

规格尺寸表 单位：CM

部位	衣长	胸围	领高		
尺寸	103	116	21		

图5.2.5 结构图（1）

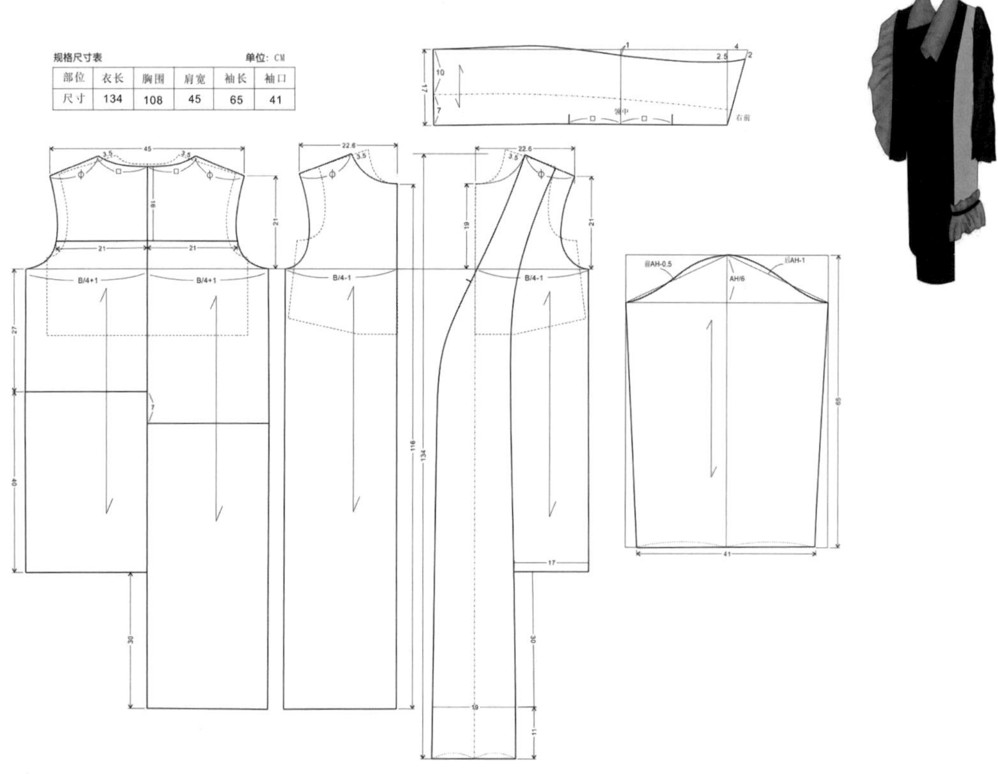

规格尺寸表 单位：CM

部位	衣长	胸围	肩宽	袖长	袖口
尺寸	134	108	45	65	41

图5.2.6 结构图（2）

五、放缝图

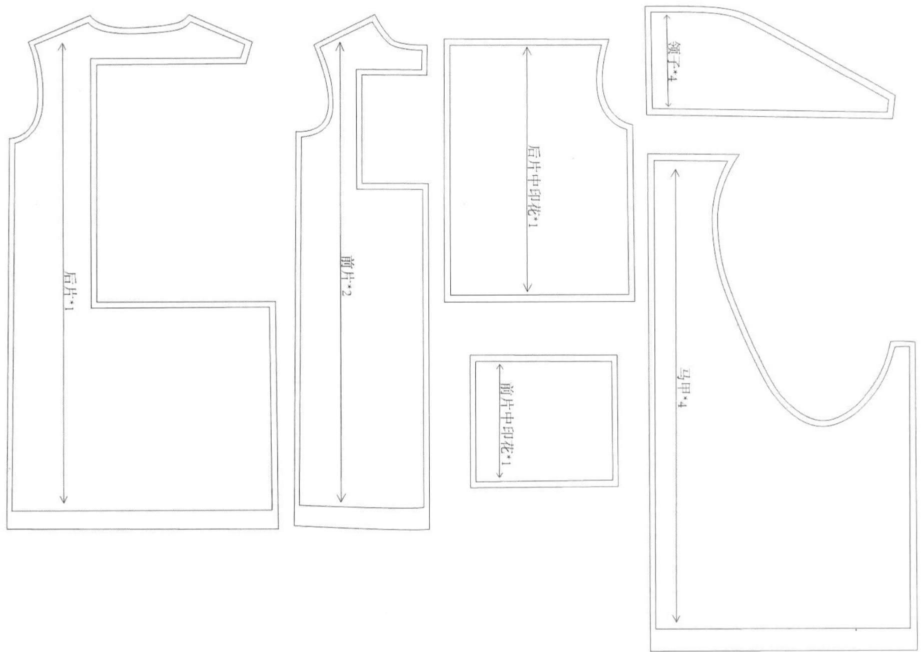

图5.2.7 放缝图（1）

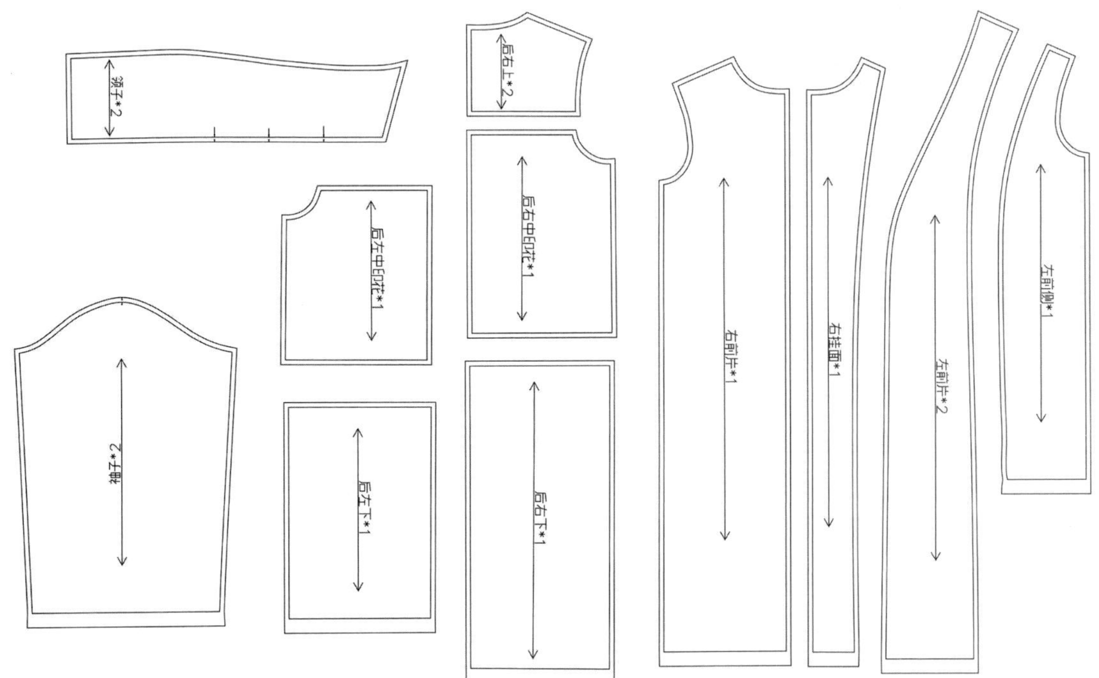

图5.2.8 放缝图（2）

六、推档图

这里提供了外套的推档图作为示例。

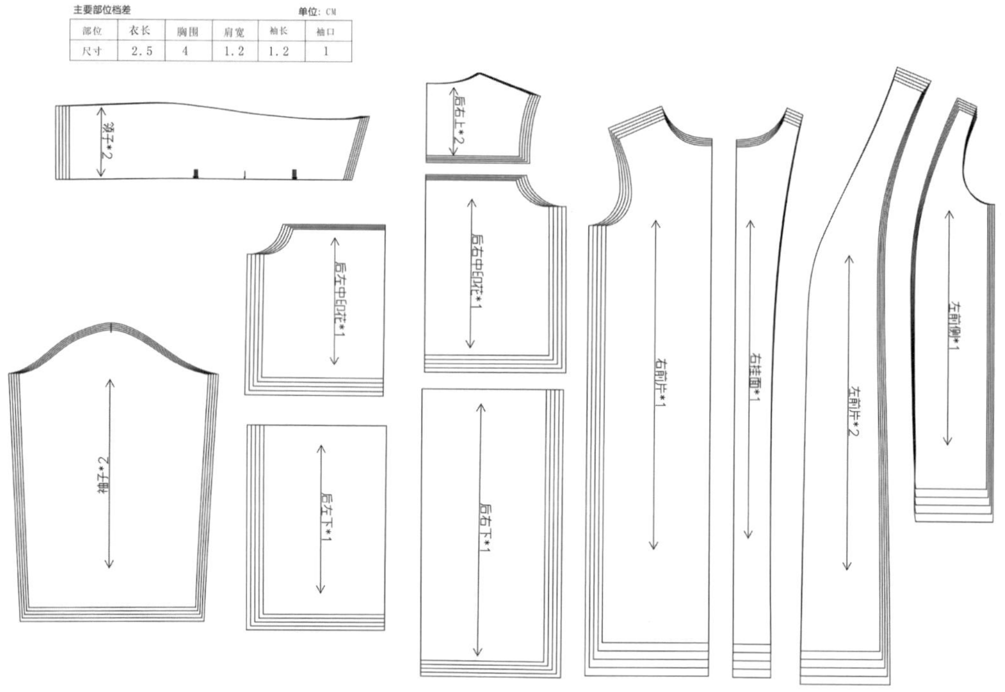

主要部位档差　　　　单位：CM

部位	衣长	胸围	肩宽	袖长	袖口
尺寸	2.5	4	1.2	1.2	1

图5.2.9 外套推档图

七、排料图

这里提供了外套的排料图作为示例。

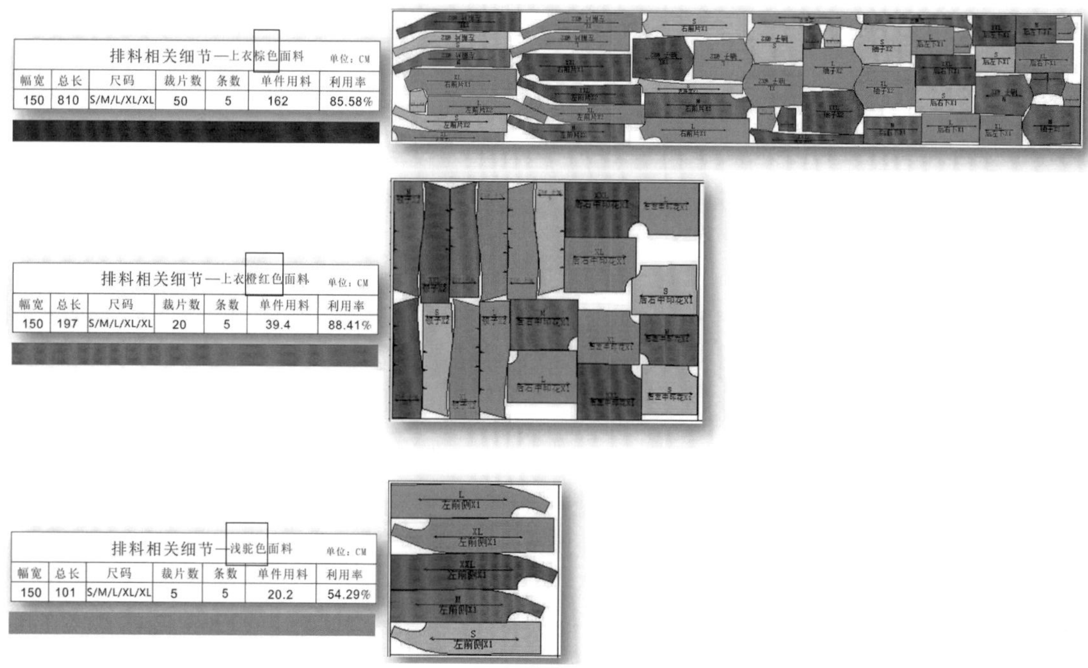

排料相关细节—上衣棕色面料　　单位：CM

幅宽	总长	尺码	裁片数	条数	单件用料	利用率
150	810	S/M/L/XL/XL	50	5	162	85.58%

排料相关细节—上衣橙红色面料　　单位：CM

幅宽	总长	尺码	裁片数	条数	单件用料	利用率
150	197	S/M/L/XL/XL	20	5	39.4	88.41%

排料相关细节—浅驼色面料　　单位：CM

幅宽	总长	尺码	裁片数	条数	单件用料	利用率
150	101	S/M/L/XL/XL	5	5	20.2	54.29%

图5.2.10 排料图

八、成品图

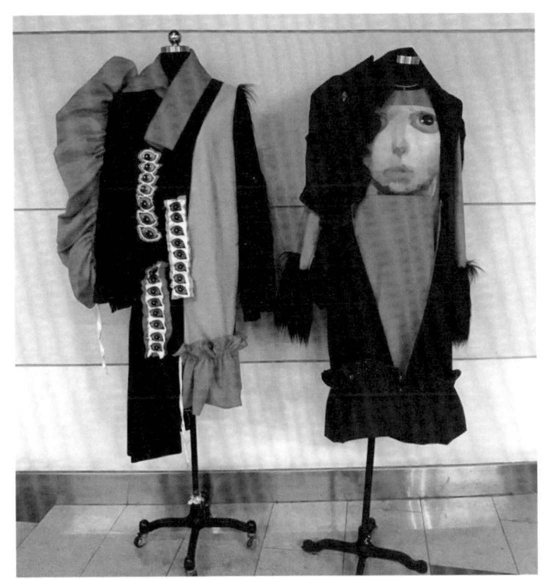

图5.2.11 成衣展示

第三节 以工艺为切入点的创意成衣专项设计

一、设计理念

此次设计从积铁玩具中吸取灵感，以玩具的拼接方式为特点，简单快捷，通过小小的零件把不同规格的部件拼装在一起，而且拼接方式多种多样，从服装工艺与创意结合的角度进行成衣设计，创造出多维细节与单线条的冲突，空间的层叠感。使平面表现与立体造型同时在服装上得到体现。使拼插式工艺能够在未来成衣设计中得以发展。

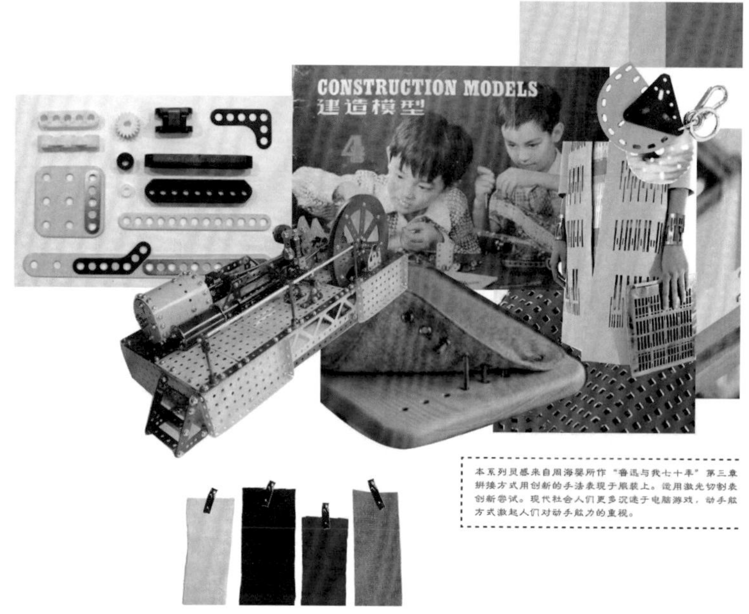

图5.3.1 设计理念

二、系列效果图

本系列衣片之间采用工字形零件拼接设计，无缝线设计，这一元素是整套服装的重点。在设计衣片时采用激光镂空设计。通过毛毡板材质的工字零件将衣服拼接起来。不仅将服装牢固地连接起来，具有装饰效果且增强了服装的立体感与趣味性。整个系列服装最大的亮点是拼插的自由性，消费者可以根据自己的穿着需要自主的进行服装裁片的拆卸。

图5.3.2 系列效果图

三、系列款式图

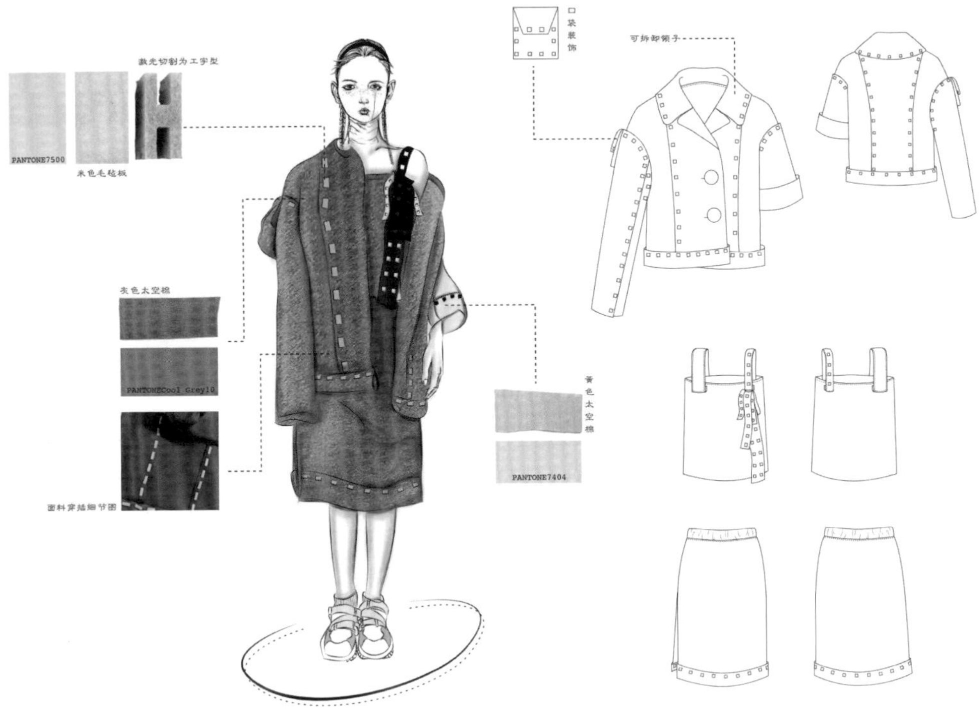

图5.3.3 款式图（1）

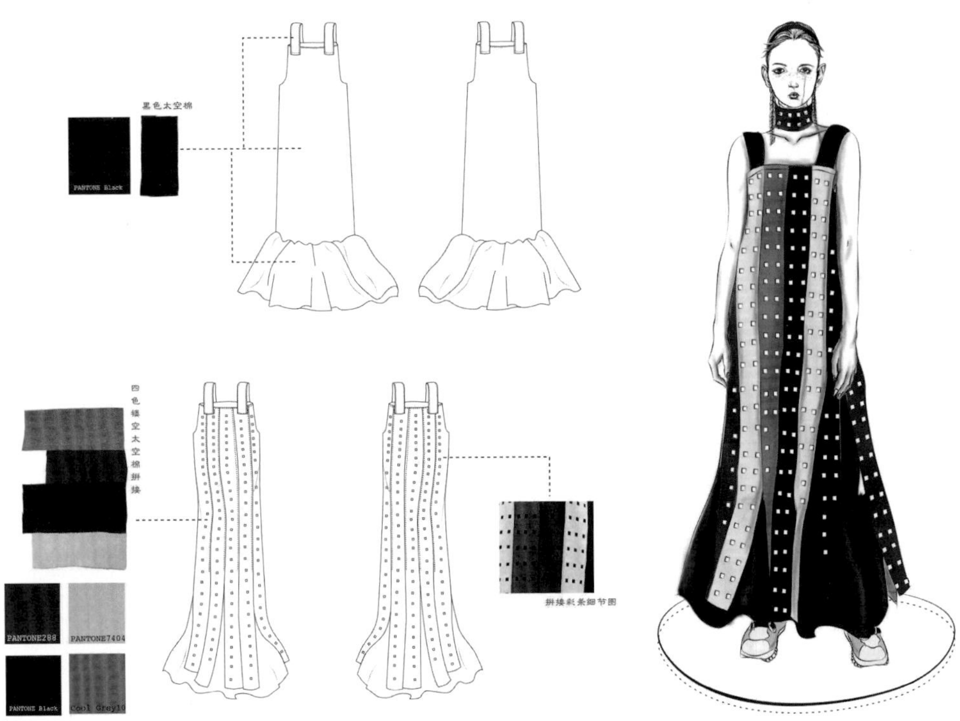

图5.3.4 款式图（2）

图5.3.5 款式图（3）

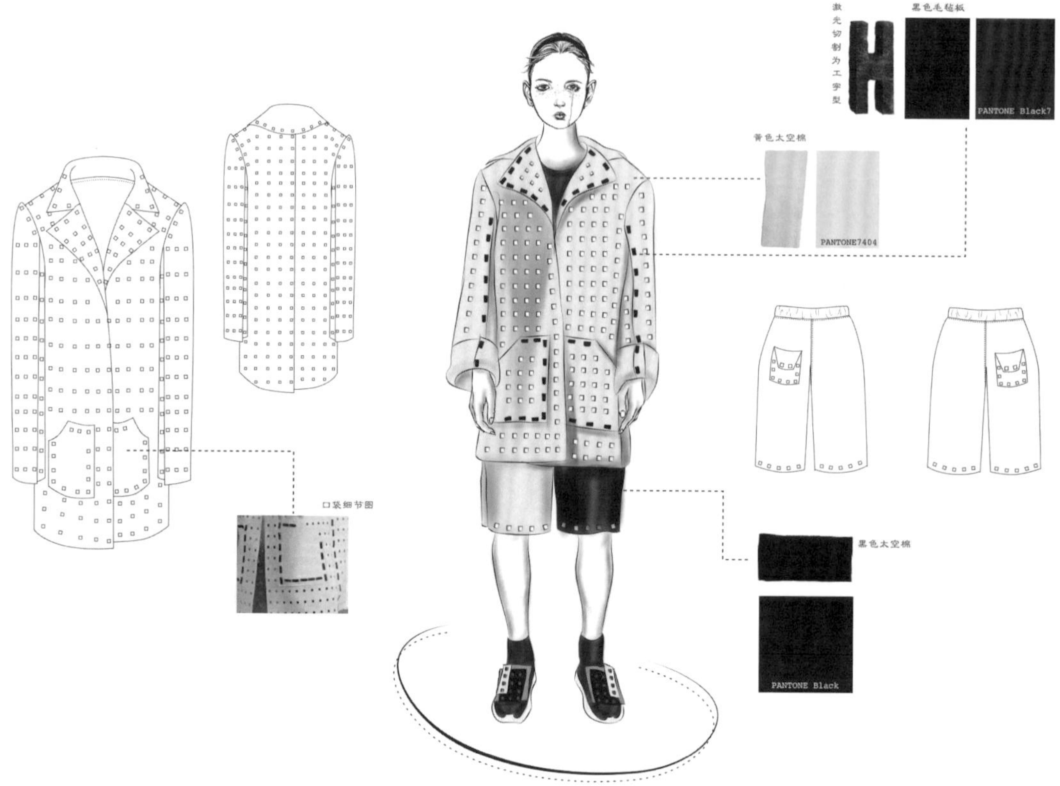

图5.3.6 款式图（4）

四、结构图

这里提供了外套、短裤、吊带裙的结构图作为示例。

衣片原型图

主要部位规格设计					单位：cm
号型	部位	衣长	胸围	肩宽	袖长
170/88A	规格	92	128	54	64

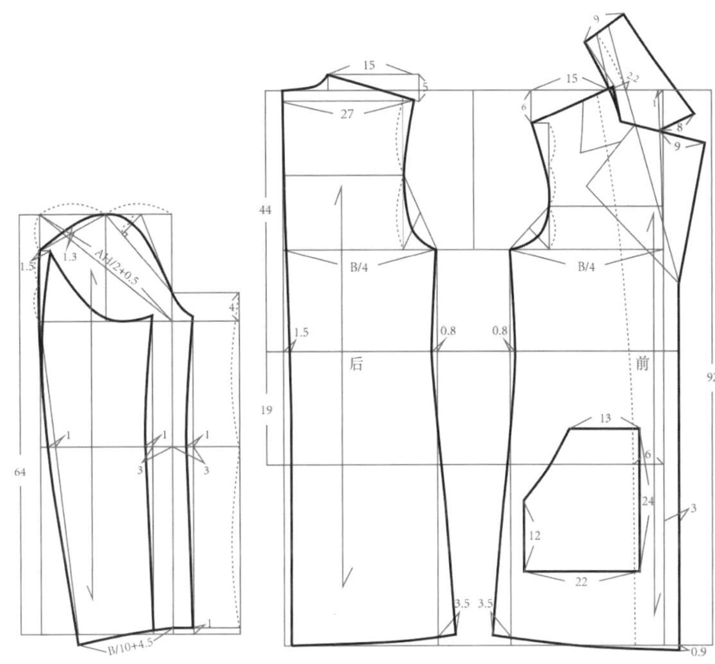

图5.3.7 外套结构图

主要部位规格设计				单位：cm
号型	部位	裤长	腰围	臀围
170/88A	规格	57	76-88	107

裤片原型图

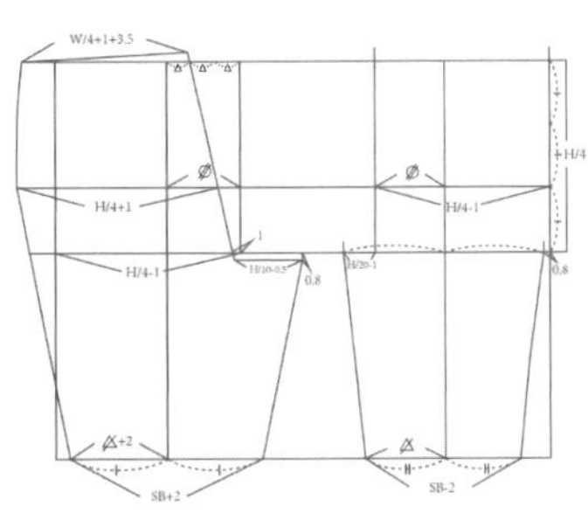

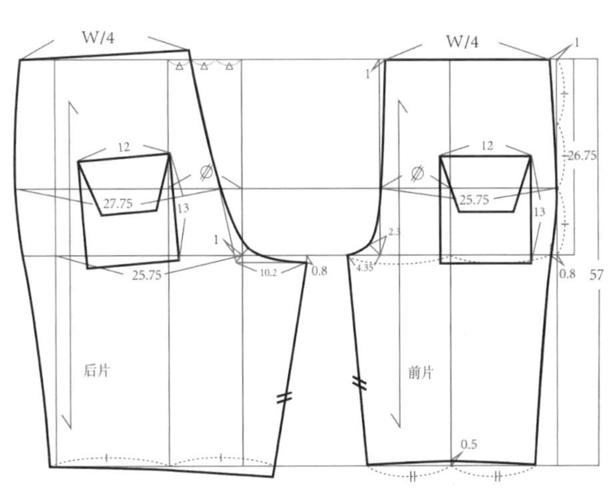

图5.3.8 短裤结构图

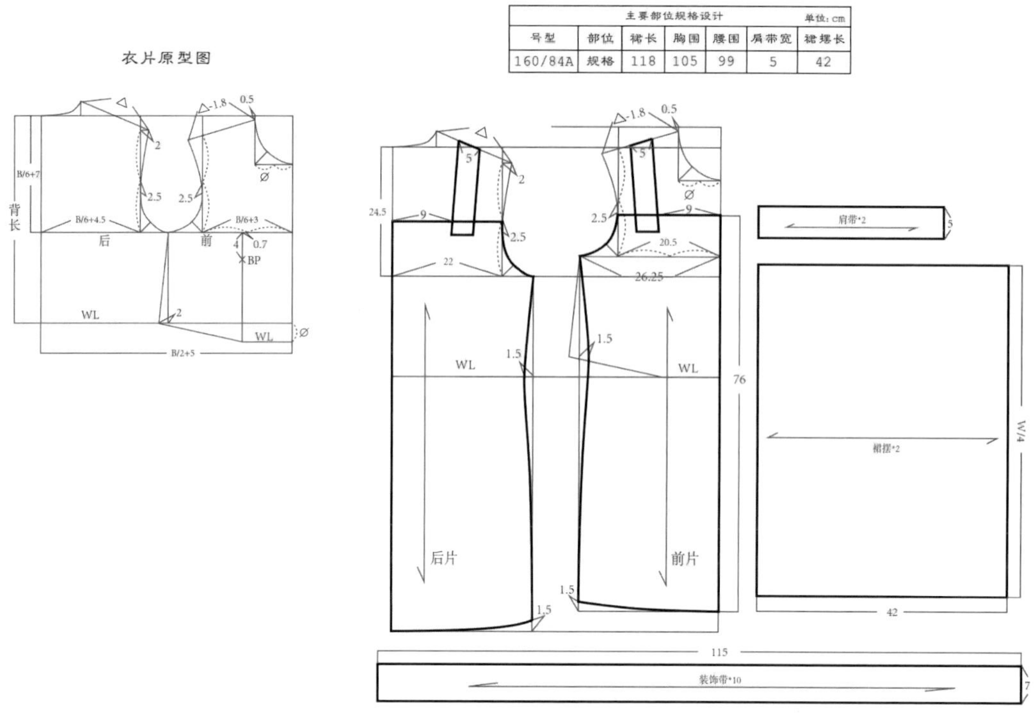

主要部位规格设计						单位：cm
号型	部位	裙长	胸围	腰围	肩带宽	裙摆长
160/84A	规格	118	105	99	5	42

图5.3.9 吊带裙结构图

五、放缝图

这里提供了裙装的放缝图作为示例。

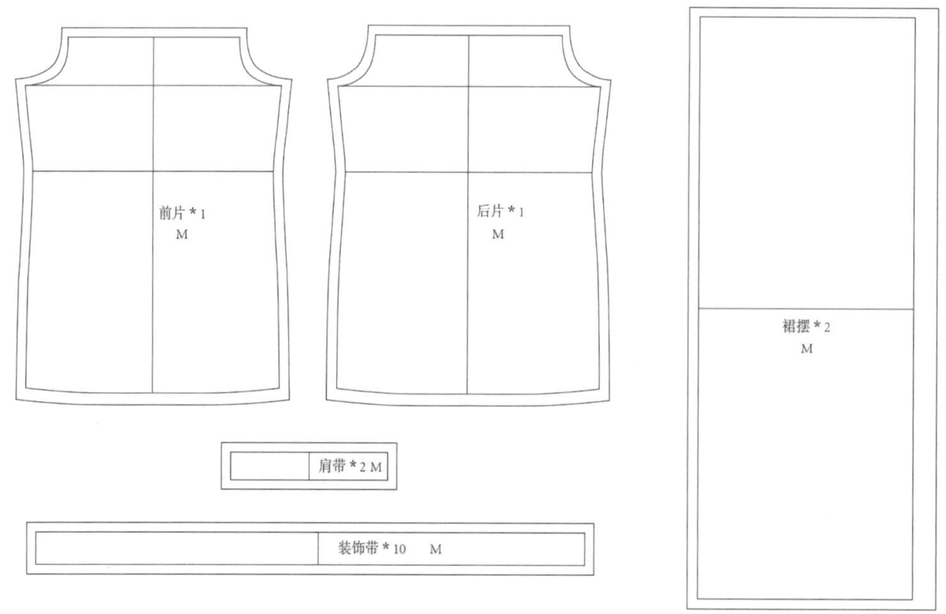

图5.3.10 裙装放缝图

六、推档图

这里提供了裙装的推档图作为示例。

系列版型规格设计 单位：cm					
号型	裙长	胸围	腰围	肩带长	裙摆长
155/80A(XS)	116	101	101	13	38
160/84A(S)	118	105	105	14	42
165/88A(M)	120	109	109	15	46
170/92A(L)	122	113	113	16	50
175/96A(XL)	124	117	117	17	54
规格档差	2	4	4	1	4

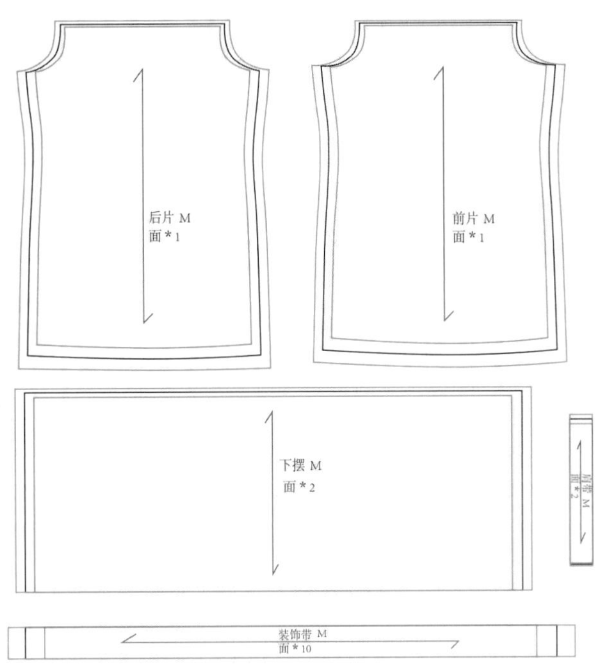

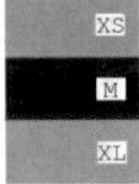

图5.3.11　裙装推档图

七、排料图

这里提供了裙装的排料图作为示例。

排料相关细节 单位：cm					
幅宽	总长	尺码	裁片数	件数	利用率
150	607	XS/M/XL	48	4	92.26%

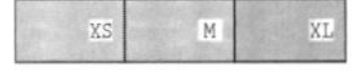

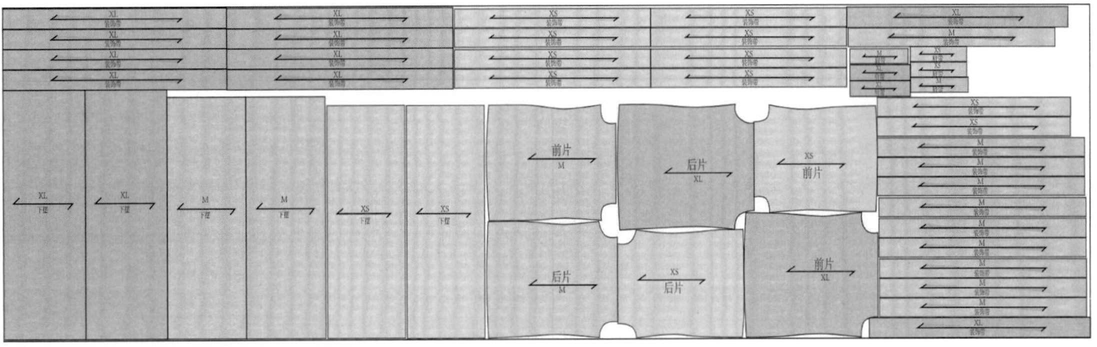

图5.3.12　裙装排料图

十、成品图

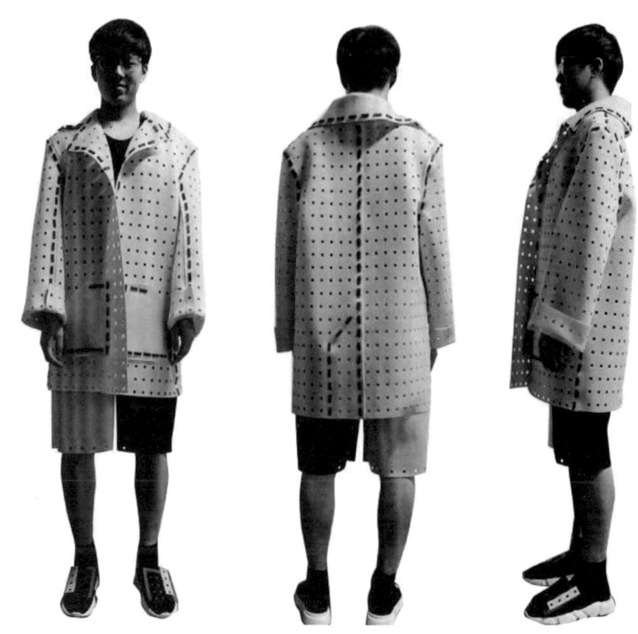

图5.3.13 成衣模特展示图（1）

图5.3.14 成衣模特展示图（2）

参考文献

[1] 张金滨，张瑞霞.服装创意设计[M].北京：中国纺织出版社，2016.
[2] 韩兰，张缈.服装创意设计[M].北京：中国纺织出版社，2015.
[3] 朱洪峰.服装创意设计与案例分析[M].北京：中国纺织出版社，2018.
[4] 辛芳芳，朱晶晶，纪晓燕.服装设计创意指南[M].上海：东华大学出版社，2015.
[5] 陈莹，丁玫，王晓娟.服装创意设计[M].北京：北京大学出版社，2012.
[6] 李慧.服装设计思维与创意[M].北京：中国纺织出版社，2018.

图书在版编目（C I P）数据

创意成衣设计 / 刘若琳，孙琰，惠洁编著．-- 上海：东华大学出版社，2018.12

ISBN 978-7-5669-1506-1

Ⅰ．①创… Ⅱ．①刘… ②孙… ③惠… Ⅲ．①服装设计－高等学校－教材 Ⅳ．①TS941.2

中国版本图书馆CIP数据核字（2018）第275175号

责任编辑：谭　英

封面设计：张林楠

版式设计：J. H.

创意成衣设计

Chuangyi Chengyi Sheji

刘若琳　孙琰　惠洁　编著

东华大学出版社出版

上海市延安西路1882号

邮政编码：200051　电话：（021）62193056

出版社网址　http://www.dhupress.net

天猫旗舰店　http://www.dhdx.tmall.com

深圳市彩之欣印刷有限公司印刷

开本：787mm×1092mm　1/16　印张：9.25　字数：275千字

2018年12月第1版　2018年12月第1次印刷

ISBN 978-7-5669-1506-1

定价：43.00元